C 语言程序设计实战教程

李晓丽　薛　鞞　欧阳群波　编著

清华大学出版社
北京交通大学出版社
·北京·

内 容 简 介

　　本书适用于已经系统学习过 C 语言程序设计基础知识内容，想要进一步将基础知识应用于实践案例的学习者。全书包括 6 个管理信息系统、5 个图形界面游戏程序及 EGE 图形编程的基础知识。6 个管理信息系统分别是小型超市管理系统、学生宿舍管理系统、学生成绩管理系统、电子通信录管理系统、ATM 终端机模拟系统和银行用户管理系统；5 个图形界面游戏程序分别是扫雷游戏、推箱子游戏、贪吃蛇游戏、双人五子棋游戏和俄罗斯方块游戏。

　　本书可用作高等院校相关专业的教材，也可用作对 C 语言程序设计感兴趣的读者的参考书。

图书在版编目（CIP）数据

　　C 语言程序设计实战教程 / 李晓丽，薛韡，欧阳群波编著. —北京：北京交通大学出版社：清华大学出版社，2023.11
　　ISBN 978-7-5121-5086-7

　　Ⅰ. ① C… 　Ⅱ. ① 李… 　② 薛… 　③ 欧… 　Ⅲ. ① C 语言−程序设计 　Ⅳ. ① TP312.8

　　中国国家版本馆 CIP 数据核字（2023）第 202472 号

C 语言程序设计实战教程

C YUYAN CHENGXU SHEJI SHIZHAN JIAOCHENG

责任编辑：韩素华

出版发行：清 华 大 学 出 版 社　　邮编：100084　　电话：010-62776969
　　　　　北京交通大学出版社　　邮编：100044　　电话：010-51686414
印 刷 者：北京鑫海金澳胶印有限公司
经　　销：全国新华书店
开　　本：185 mm×260 mm　　印张：10.75　　字数：275 千字
版 印 次：2023 年 11 月第 1 版　　2023 年 11 月第 1 次印刷
印　　数：1～1 000 册　　定价：39.00 元

本书如有质量问题，请向北京交通大学出版社质监组反映。对您的意见和批评，我们表示欢迎和感谢。
投诉电话：010-51686043，51686008；传真：010-62225406；E-mail：press@bjtu.edu.cn。

前　言

　　C 语言已经成为高校计算机专业一门重要的基础课程，对于学完 C 语言程序设计基础的学习者而言，需要从实践视角出发编写一些具体的应用程序。本书是以 C 语言的实际应用为导向，以解决实际问题为编程内容的实训教程。教程中涉及的项目实训案例在 Code::Blocks 20.03 环境下运行。全书共分 12 章，第一章至第六章的案例属于管理信息系统类型，第七章介绍了 EGE 图形编程的配置环境，第八章至第十二章的案例都是基于 EGE 图形编程的游戏实例。

　　本书的编写参考了相关的书籍资料，借鉴了互联网上众多程序的思想，在此谨向所参考资料的作者表示感谢。由于编者的水平有限，书中内容难免有不妥之处，恳请读者和同行批评指正，多提宝贵意见。

　　有需要源代码的读者可通过扫描每章的二维码下载。

编　者

2023 年 10 月

目 录 <<<

第一章

小型超市管理系统

1. 需求分析

小型超市管理系统共分为 3 个模块，其功能分别如下。

商品信息管理模块：主要是商品信息录入、删除、修改、查询、排序和统计；

进货管理模块：主要是进货信息的录入；

销售管理模块：主要是提供一般的销售管理，能够进行查询、销售、退货操作。

小型超市管理系统功能结构图如图 1-1 所示。

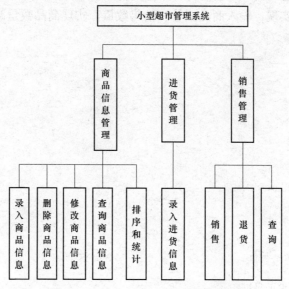

图 1-1 小型超市管理系统功能结构图

2. 关键代码分析

（1）商品的数据结构通过结构体类型 good 来实现，定义结构体数组 goods，最多存放 200 条商品信息。

```
struct good
 {
  int total;     //商品总价
  long int num;      //商品编号 case 0:
  char name[30];     //商品名称
  char sort[30];      //商品类型
  int count;     //商品数量
  int price;      //商品价格
}goods[200];
```

（2）登录功能主要是通过 login 函数实现的，这里设置管理员账号为 Mary，密码为 0。登录成功返回 1，失败则返回 0，一共有 3 次机会。

（3）商品信息的录入用 Input 函数来实现；增加和删除商品信息通过 Edit 函数实现，调用 Add 函数实现增加商品信息，调用 Delet 函数实现删除商品信息，删除时按编号进行删除；对商品信息排序通过 Sequence 函数来实现，可以按照编号、名称和类别进行排序，采用冒泡排序法；查询功能通过 Search 函数实现，分别调用按编号查询函数 Search_Num()、按名字查询函数 Search_Name()、按类别查询函数 Search_Categ()、按进货需求查询函数 Search_Needs()分别对商品进行查询操作；统计功能可以统计所有商品的总价值。

（4）进货功能通过 Purchase 函数实现，查找商品编号，修改商品的数量，实现进货；销售功能通过 Sale 函数实现，输入商品编号和销售数量，实现商品数量减少并显示。

3. 源代码

```
#include <stdio.h>
#include <stdlib.h>
#include <string.h>
#include <windows.h>
#include <conio.h>

static int n=0;
struct good
 {
  int total;     //商品总价
  long int num;      //商品编号 case 0:
  char name[30];     //商品名称
  char sort[30];      //商品类型
  int count;     //商品数量
  int price;      //商品价格
}goods[200];
```

小型超市管理系统

```
void main()
{
    int x;    //用来保存 login() 的值
    int s,t;
    int k;
    char a[40];
    char b[40];   //用来存放账号和密码
    void Input();
    void Sequence();
    void Purchase();
    void Sale();
    void Edit();
    void Modify();
    void Search();
    void Browse();
    void Save();
    void Manage();
    int login();
    void writefromfile();
    printf("\n - - -小型超市管理系统- - - \n ");
    if(login())
lp:{
    printf("\n\t < 商品信息管理系统 >\t\n");
    printf("\n\t  1 →输入商品信息\n");
    printf("\t  2 →排序商品信息\n");
    printf("\t  3 →输入进货信息\n");
    printf("\t  4 →输入销售信息\n");
    printf("\t  5 →增加/删除商品\n");
    printf("\t  6 →修改商品信息\n");
    printf("\t  7 →查询商品信息\n");
    printf("\t  8 →浏览商品信息\n");
    printf("\t  9 →保存商品信息\n");
    printf("\t  10 →账务信息查询\n");
    printf("\t  11 从文件中读取商品信息");
    printf("\t\n 请选择您所要的操作(或选择(0)退出): ");
    scanf("%d",&k);
    switch(k)  //用 switch 语句实现功能选择
    {
```

```
      case 1: Input();break;
      case 2: Sequence();break;
      case 3: Purchase();break;
      case 4: Sale();break;
      case 5: Edit();break;
      case 6: Modify();break;
      case 7: Search();break;
      case 8: Browse();break;
      case 9: Save();break;
      case 10:Manage();break;
      case 11:writefromfile();break;
      case 0: printf("\n\t 谢谢使用, 欢迎再来, 再见!");return;  //退出系统
      default: puts("输入错误,请按任意键返回主菜单: \n"); break;
      }
        goto lp;}//返回主界面
      return;
}
void Input()//输入商品信息
{
      int i;
      int m;
      printf("\n 请输入入库的商品种类数: ");
      scanf("%d",&m);
      n=n+m;
      for(i=0;i<m;i++)    //依次循环输入商品编号、商品名称、商品类型、商品数量、商品单价
      {
          printf("\n 请输入商品编号:");
          scanf("%ld",&goods[i].num);
          printf("\n 请输入商品名称: ");
          scanf("%s",&goods[i].name);
          printf("\n 请输入商品类型: ");
          scanf("%s",&goods[i].sort);
          printf("\n 请输入商品数量: ");
          scanf("%d",&goods[i].count);
          printf("\n 请输入商品单价: ");
          scanf("%d",&goods[i].price);
          printf("
--------------------------------------------------------------\n");
      }
```

```
        printf("\t 商品编号      商品名称      商品类别      商品数量      商品单价\n");
          for(i=0;i<n;i++)

          {

printf("\t %5ld     %5s     %5s     %5d       %5d\n",goods[i].num,goods[i].
name,goods[i].sort,goods[i].count,goods[i].price);
            printf("\n");
          }
    printf("\t\n 请按任意键返回主菜单！\n");
    getchar();
    getchar();
    return;  //返回主界面


}
void Sequence()   //调用按商品编号排序函数 Sort_Num()、按商品名称排序函数 Sort_Name()和
                  //按商品类别排序函数 Sort_Categ()对商品排序。
{
    int m;         //用来键入模式编号
    printf("请输入排序模式:\n");
    printf("<1>按商品编号\n<2>按商品名称\n<3>按商品类别\n<0>退出\n");
    scanf("%d",&m);
    switch(m)
    {
        case 0:return;
        case 1:Sort_Num();break;
        case 2:Sort_Name();break;
        case 3:Sort_Categ();break;
    }
    printf("\t\n 请按任意键返回主菜单！\n");
    getchar();
    getchar();
    system("cls");
    return;
}
void Sort_Num()      //按编号排序
{
    int i,k;
    long temp;
    int temp1;
```

```
    char p1[30],p2[30];
    for(k=0;k<n-1;k++)
        for(i=0;i<n-k-1;i++)
            if(goods[i].num>goods[i+1].num)  //按编号由小到大排序
            {
                temp=goods[i].num;
                goods[i].num=goods[i+1].num;
                goods[i+1].num=temp;
                strcpy(p1,goods[i].name);
                strcpy(goods[i].name,goods[i+1].name);
                strcpy(goods[i+1].name,p1);
                strcpy(p2,goods[i].sort);
                strcpy(goods[i].sort,goods[i+1].sort);
                strcpy(goods[i+1].sort,p2);
                temp1=goods[i].price;
                goods[i].price=goods[i+1].price;
                goods[i+1].price=temp1;
                temp1=goods[i].count;
                goods[i].count=goods[i+1].count;
                goods[i+1].count=temp1;


            }
            printf("
-------------------------------------------------------------------\n");
            printf("\n\t\t 按商品编号排序后的商品信息\n\n");
            printf("\t 商品编号      商品名称      商品类别      商品数量      商品单价\n");
            for(i=0;i<n;i++)
            {
                printf("\t %5ld          %5s          %5s          %5d          %5d\n",
goods[i].num,goods[i].name,goods[i].sort,goods[i].count,goods[i].price);
            }
}
void Sort_Name()     //按名称排序
{
    char p1[30],p2[30];
    long temp;
    int temp1;       //保存中间值
    int i,k;
    for(k=0;k<n-1;k++)
```

```
    for(i=0;i<n-k-1;i++)
{
    if(strcmp(goods[i].name,goods[i+1].name)>0)    //strcmp 函数比较两个字符串,
                                                   //str1>str2 返回正数；str1<
                                                   //str2 返回负数；str1=str2 返回 0
        {
            temp=goods[i].num;
            goods[i].num=goods[i+1].num;
            goods[i+1].num=temp;
            strcpy(p1,goods[i].name);
            strcpy(goods[i].name,goods[i+1].name);
            strcpy(goods[i+1].name,p1);
            strcpy(p2,goods[i].sort);
            strcpy(goods[i].sort,goods[i+1].sort);
            strcpy(goods[i+1].sort,p2);
            temp1=goods[i].price;
            goods[i].price=goods[i+1].price;
            goods[i+1].price=temp1;
            temp1=goods[i].count;
            goods[i].count=goods[i+1].count;
            goods[i+1].count=temp1;
        }break;
    }
    printf("------------------------------------------------------------\n");
    printf("按商品编号排序如下：\n");
    printf("\t 商品编号      商品名称      商品类别      商品数量      商品单价\n");
        for(i=0;i<n;i++)
        printf("\t %5ld        %5s        %5s        %5d          %5d\n",
goods[i].num,goods[i]. name,goods[i].sort,goods[i].count,goods[i].price);

}
void Sort_Categ()    //按类别排序
{
    char p1[30],p2[30];
    int temp1;
    long temp;      //保存中间值
    int i,k;
    for(k=0;k<n-1;k++)
        for(i=0;i<n-k-1;i++)
```

```
{
    if(strcmp(goods[i].sort,goods[i+1].sort)>0)
    {
            temp=goods[i].num;
            goods[i].num=goods[i+1].num;
            goods[i+1].num=temp;
            strcpy(p1,goods[i].name);
            strcpy(goods[i].name,goods[i+1].name);
            strcpy(goods[i+1].name,p1);
            strcpy(p2,goods[i].sort);
            strcpy(goods[i].sort,goods[i+1].sort);
            strcpy(goods[i+1].sort,p2);
            temp1=goods[i].price;
            goods[i].price=goods[i+1].price;
            goods[i+1].price=temp1;
            temp1=goods[i].count;
            goods[i].count=goods[i+1].count;
            goods[i+1].count=temp1;
    }break;
}
printf("---------------------------------------------------------------\n");
printf("按商品类别排序如下：\n");
printf("\t 商品编号     商品名称     商品类别      商品数量      商品单价\n");
        for(i=0;i<n;i++)
        printf("\t %5ld         %5s         %5s         %5ld         %5ld\n",
goods[i].num,goods[i].name,goods[i].sort,goods[i].count,goods[i].price);


}
void Purchase()        //进货：主要是针对已有库存的商品，在原来的商品基础上增加数量。通过编号
                       //找到进货的商品信息，然后修改商品的数量。

{
    int  i;
    long temp;     //保存新入库商品编号
    int k;
    printf("\n 请输入新入库的商品编号：");
    scanf("%ld",&temp);
    printf("\n 请输入该商品新入库数量：");
    scanf("%d",&k);
    for(i=0;i<n;i++)
```

```
{
        if(temp==goods[i].num)
        {
            goods[i].count=goods[i].count+k;
        }
    }
    printf("\t 进货后的商品信息如下：\n");
    printf("\t 商品编号      商品名称      商品类别      商品数量      商品单价\n");
    for(i=0;i<n;i++)
    printf("\t %5ld          %5s          %5s          %5d          %5d\n",goods[i].
num,goods[i]. name,goods[i].sort,goods[i].count,goods[i].price);
                                                        //输出进货后各商品信息
    printf("\t\n 请按任意键返回主菜单！\n");
    getchar();
    getchar();
    system("cls");
    return;
}
void Sale()            //在商品销售后，商品数量减少。要求用户输入所销售的编号，系统用 for 循环
                       //查询该商品是否存在，不存在要求再进行输入，直到输入正确，输出销售商品。
{
    int i,temp, count;
    printf("\t\n 请输入要销售的商品编号：");
scanf("%d",&temp);
printf("\t\n 请输入要销售的商品数量：");
scanf("%d",&count);
    for(i=0;i<n;i++)
    {
        if(temp==goods[i].num)
        {
            printf("\t\n 该商品存在！\n");
            printf("\t\n 该商品数量为%d\n",goods[i].count-count);
        }
    }
    printf("\t\n 请按任意键返回主菜单！\n");
    getchar();
    getchar();
    system("cls");
    return;
```

```
}
void Edit()            //添加或者删除商品信息。调用添加函数 Add()和删除函数 Delet()实现添加和
                       //删除操作
{
    int m;
    void Add();
    void Delet();
    printf("   \n请选择执行操作：\n    <1>添加商品\n    <2>删除商品\n    <0>退出\n");
    scanf("%d",&m);
    switch(m)
    {
        case 0:return;
        case 1:Add();break;
        case 2:Delet();break;
    }
    printf("\t\n请按任意键返回主菜单！\n");
    getchar();
    getchar();
    system("cls");
    return;
}
void Add()          //添加操作
{
    int i;
    printf("\n\t请输入新添加的商品编号：");
    scanf("%ld",&goods[n].num);
    printf("\n\t请输入新添加的商品名称：");
    scanf("%s",&goods[n].name);
    printf("\n\t请输入新添加的商品类型：");
    scanf("%s",&goods[n].sort);
    printf("\n\t请输入新添加的商品数量：");
    scanf("%d",&goods[n].count);
    printf("\n\t请输入新添加的商品单价：");
    scanf("%d",&goods[n].price);
    n++;
    printf("\n");
    printf("\n\t添加后的商品信息如下：\n");
    printf("\t商品编号    商品名称    商品类别    商品数量    商品单价\n");
    for(i=0;i<n;i++)
```

```
    printf("\t %5ld        %5s        %5s        %5d        %5d\n",goods[i].
num,goods[i].name,goods[i].sort,goods[i].count,goods[i].price);
                                        //输出添加后各商品信息

}
void Delet()        //删除操作
{
    int i,j,temp;
    for(i=0;i<n;i++)
    {
        printf("\t 商品编号      商品名称      商品类别      商品数量      商品单价\n");
        printf("\t %5ld        %5s        %5s        %5d        %5d\n",goods[i].
num,goods[i].name,goods[i].sort,goods[i].count,goods[i].price);
        printf("\n");
    }
    printf("\n");
    printf("      \t 请输入删除商品编号:");
    scanf("%d",&temp);
    for(i=0;i<n;i++)
       if(temp==goods[i].num)
    {
        for(j=i;j<n;j++)
        {
         goods[j].num==goods[j+1].num;
         goods[j].name==goods[j+1].name;
         goods[j].sort==goods[j+1].sort;
         goods[j].count==goods[j+1].count;
         goods[j].price==goods[j+1].price;
        }
      n--;
      break;
    }
    printf("删除后商品信息如下：\n");
    printf("\t 商品编号      商品名称      商品类别      商品数量      商品单价\n");
    for(i=0;i<n;i++)
    {
        printf("\t %5ld        %5s        %5s        %5d        %5d\n",goods[i].num,
goods[i].name,goods[i].sort,goods[i].count,goods[i].price);
        printf("\n");
```

```
                }                      //输出删除后各商品信息
 printf("\t\n 请按任意键返回主菜单！\n");
    getchar();
    system("cls");
    return;
}
void Search()        //提供一个查询界面，分别调用按编号查询函数 Search_Num()、按名字查询函数
                     //Search_Name()、按类别查询函数 Search_Categ()、按进货需求查询函数
                     //Search_Needs()对商品进行查询操作。

{
    int m;           //局部变量保存选择
    void Search_Num();
    void Search_Name();
    void Search_Categ();
    void Search_Needs();
    printf("请选择查找格式:\n        <1>按编号查询\n      <2>按名字查询\n        <3>按类别查询\n
<4>按进货需求查询\n      <0>退出\n");
    scanf("%d",&m);
     switch(m)
     {
     case 0:return;
     case 1:Search_Num();break;
     case 2:Search_Name();break;
     case 3:Search_Categ();break;
     case 4:Search_Needs();break;
     }
  printf("\t\n 请按任意键返回主菜单！\n");
     getchar();
     getchar();
     system("cls");
     return;
}
void Search_Num()          //按编号查找
 {
     int i;
     int temp;//局部变量保存编号
     printf("\n 请输入要查询的编号：");
     scanf("%d",&temp);
     for(i=0;i<n;i++)
```

```
    {
        if(temp==goods[i].num)
        {
            printf("\n\n 查找成功！\n");
            printf("该商品信息如下：\n");
            printf("\t 商品编号      商品名称      商品类别      商品数量      商品单价\n");
            printf("\t %5ld       %5s       %5s       %5d       %5d\n",goods[i].
num,goods[i]. name,goods[i].sort,goods[i].count,goods[i].price);
        }


    }
}
void Search_Name()          //按名称查找
{
    int i;
    char temp1[30];          //局部变量保存商品名称
    printf("请输入要查找的商品名称：");
    scanf("%s",&temp1);
    for(i=0;i<n;i++)
    {
        if(strcmp(temp1,goods[i].name)==0)
        {

            printf("查找成功！\n");
            printf("该商品信息如下：\n");
            printf("\t 商品编号      商品名称      商品类别      商品数量      商品单价\n");
            printf("\t %5ld       %5s       %5s       %5d       %5d\n",goods[i].
num,goods[i].name,goods[i].sort,goods[i].count,goods[i].price);
        }
    }
}
void Search_Categ()          //按类别查找
{
    int i;
    char temp2[30];          //局部变量保存商品类别
    printf("\n 请输入要查找的商品类别：");
    scanf("%s",&temp2);
    for(i=0;i<n;i++)
```

```
    {
        if(strcmp(temp2,goods[i].sort)==0)
        {

            printf("查找成功！\n");
            printf("该商品信息如下：\n");
            printf("\t 商品编号     商品名称      商品类别       商品数量       商品单价\n");
            printf("\t %5ld      %5s      %5s       %5d        %5d\n",goods[i].
num,goods[i]. name,goods[i].sort,goods[i].count,goods[i].price);
        }
    }
}
void Search_Needs()    //查询需要进货的商品
{
    int i;
    int m=10;
    printf("\t\n 需要进货的商品如下：\n");
    printf("\t 商品编号      商品名称      商品类别       商品数量       商品单价\n");
                                            //当商品数量低于10时，提示需要进货
    for(i=0;i<n;i++)
    {
        if(goods[i].count<m)
        {
            printf("\t %5ld       %5s      %5s       %5d        %5d\n",goods[i].
num,goods[i]. name,goods[i].sort,goods[i].count,goods[i].price);
        }
    }
}
void Browse()         //浏览商品信息
{
    int i;
    printf("\t\n 当前商品信息如下：\n");
    printf("\t 商品编号      商品名称      商品类别       商品数量       商品单价\n");
    for(i=0;i<n;i++)
    {

        printf("\t %5ld       %5s      %5s       %5d        %5d\n",goods[i].
num,goods[i]. name,goods[i].sort,goods[i].count,goods[i].price);
    }
```

```
    printf("\t\n请按任意键返回主菜单! \n");
    getchar();
    getchar();
    system("cls");
    return;
}
void writefromfile()        //从文件保存位置读取文件
{
    FILE *fp;
    int i = 0;
    fp=fopen("goods.txt","r");
    while(!feof(fp))
    {
    fscanf(fp,"%ld    %s    %s    %d    %d",&goods[i].num,goods[i].name,goods[i].
sort,&goods[i]. count,&goods[i].price);        //从文件中带出
    i++;
    }
    n=n+i-1;
    printf("文件读取中...");
    Sleep(1000);
    printf("文件读取成功! ");
    Sleep(500);
    fclose(fp);


}
void Save()
{
    int i;
    FILE *fp;           //用来存放文件保存路径及文件名
    fp=fopen("goods.txt","w+");        //创建并打开一个文件，并得到该文件的地址
    printf("商品编号\t 商品名称 \t 商品类别\t  商品数量\t  商品单价\n");
    for(i=0;i<n;i++)
    {
    fprintf(fp,"%ld    %s    %s    %d    %d\n",goods[i].num,goods[i].name,goods[i].
sort,goods[i].count,goods[i].price);
    printf("%ld\t\t%s\t\t%s\t\t%d\t\t%d\n",goods[i].num,goods[i].name,
goods[i].sort,goods[i].count,goods[i].price);
    }
```

```c
    fclose(fp);        //关闭文件
    printf("文件已经保存!\n");
    getchar();
}
void Modify()        //修改商品信息
{
    int i,m;
    long int temp;
    printf("\n 请输入要修改的商品编号: ");
    scanf("%d",&temp);
     for(i=0;i<n;i++)
       while(temp==goods[i].num)
       {
           printf("\n 查找成功! \n");
           printf("\n 该商品信息如下: \n");
           printf("\t 商品编号      商品名称      商品类别      商品数量      商品单价\n");
           printf("\t %5ld      %5s      %5s      %5d      %5d\n",goods[i].
num,goods[i]. name,goods[i].sort,goods[i].count,goods[i].price);break;
       }
           printf("\t\n 请选择要修改的信息:\t\n<1>商品名称\n<2>商品类别\n<3>单价\n<4>
退出\n");
           scanf("%d",&m);
    switch(m)                          //switch 选择操作
    {
       case 0:return;
       case 1:
           printf("\t\n 请输入修改后的商品名称: ");
           scanf("%s",&goods[i].name);break;
       case 2:
           printf("\t\n 请输入修改后的商品类别: ");
           scanf("%s",&goods[i].sort);break;
       case 3:
           printf("\t\n 请输入修改后的商品单价: ");
           scanf("%d",&goods[i].price);break;
    }
       printf("\t\n 修改后各个商品信息为: \n\n");
       printf("\t 商品编号      商品名称      商品类别      商品数量      商品单价\n");
       for(i=0;i<n;i++)
       printf("\t %5ld        %5s        %5s        %5d        %5d\n",goods[i].
```

```
num,goods[i].name,goods[i].sort,goods[i].count,goods[i].price);
        printf("\t\n 请按任意键返回主菜单！\n");
        getchar();
        getchar();
        system("cls");
        return;


}
void Manage()
{
    int i;
    int W=0;
    printf("本货仓货物价值如下：\n");
    printf("\t 商品编号      商品名称      商品数量      商品单价      商品总价\n");
 for(i=0;i<n;i++)
 {
    goods[i].total=goods[i].price*goods[i].count;
     printf("\t %5ld       %5s        %5d        %5d          %5d\n",goods[i].
num,goods[i].name,goods[i].count,goods[i].price,goods[i].total);

 }
    for(i=0;i<n;i++)
 {
     W+=goods[i].total;
 }
    printf("该货仓商品总价为：%d",W);
    printf("\t\n 请按任意键返回主菜单！\n");
    getchar();
    getchar();
    system("cls");
    return;
}
int login()
{
    int i=0;
    char a[40];
    char b[40];
 lp:    printf("\n\t\t 请输入管理员账号：");
    gets(a);
```

```c
printf("\n\t\t 请输入管理员密码：");
gets(b);
if((strcmp(a,"Mary")==0)&&(strcmp(b,"0")==0))
{

    printf("\n\t 登录成功！\n");
    printf("\t\n 请按任意键进入主菜单！\n");
    getchar();
    system("cls");
    return 1;
}
else
{
    printf("\n\t 账号或密码错误！");
    i++;
    if(i<3)
    {
        goto lp;

    }
    else printf("\n\t 已连续 3 次输入错误！账户锁定！");
    return 0;
}
}
```

第二章

学生宿舍管理系统

1. 需求分析

根据功能设计要求，学生宿舍管理系统分为 7 个大的模块：界面设计模块、输入信息模块、修改信息模块、查询信息模块、删除信息模块、浏览信息模块及文件操作模块。每个模块将实现不同的功能。

（1）界面设计模块：用于操作的界面，便于用户使用。

（2）输入信息模块：用于输入信息。

（3）修改信息模块：修改指定房间号的相关属性。

（4）查询信息模块：输入房间号，查询学生宿舍的相关信息并打印输出。

（5）删除信息模块：删除指定房间号的记录，在删除记录时给出删除确认。

（6）浏览信息模块：可以浏览某个房间的基本信息，也可以浏览全部房间的基本信息。

（7）文件操作模块：用于文件的导入、存储等。

学生宿舍管理系统功能结构图如图 2-1 所示。

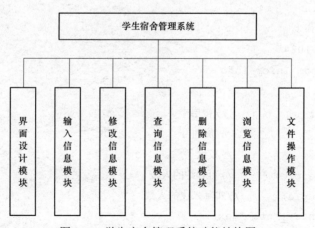

图 2-1 学生宿舍管理系统功能结构图

2. 关键代码分析

（1）房间信息是通过结构体类型 Room_Infor 实现的，包括楼层、房间号、校区、可容纳的人数、实际入住的人数信息，并定义结构体指针，用链表的方式实现。

（2）添加新房间记录是通过 Add_Room 函数实现的，将房间记录保存在结构体中之后，插入到链表中，按照房间号从小到大的顺序插入新的房间信息。

（3）删除房间记录是通过 Delete_Room 函数实现的，用户输入要删除的房间号，在链表中查找该房间号相应的记录。如果找到结点 p，则判断是不是头结点，如果是，则 head=head->next，否则 q->next=p->next，删除结点 p。如果要删除的房间号不存在，则给出"删除的信息不存在"的提示。接下来提示是否继续删除，如果用户输入"Y"或者"y"，则继续执行上述过程。

（4）检索房间记录是通过 Search_Room 函数实现的，按照房间号在链表中进行检索。

（5）修改房间记录是通过 Modify_Room 函数实现的，可以修改的房间信息包括楼层、房间号、校区、宿舍标准人数、宿舍现住人数。

（6）浏览全部房间信息是通过 Print_Infor 函数实现的，可以遍历输出房间信息，包括楼层、房间号、校区、宿舍标准人数、宿舍现住人数。

（7）所有的房间信息都保存在 Room_Infor 文件中，系统登录时将文件中的信息读入到链表中，通过 Load_Infor 函数用尾插法实现；系统退出时将更新后的信息保存到文件中，通过 Save_Infor 函数实现。

3. 源程序

```
#include <stdio.h>
#include <stdlib.h>
#include <string.h>
#include <errno.h>
#define MAX_LINE 1024
typedef struct Room_Infor_info
{
    int flour_num;              //楼层
    int room_num;               //房间号
    char loca[40];              //校区
    int contain_people;         //可容纳的人数
    int reside_people;          //实际入住的人数
    struct Room_Infor_info *next;
}Room_Infor;

Room_Infor *head;              //链表的头指针
```

学生宿舍管理系统

```
int main()
{
    Room_Infor*Load_Infor();
    void Add_Room();
    int Delete_Room();
    void Search_Student();
    void Modify_Room();
    int Print_Infor();
    int Save_Infor();
    int tage;
    head=Load_Infor();
    while(1)
    {
        printf("--学生宿舍管理系统--\n");
        printf(" 1: 添加宿舍信息 \n");
        printf(" 2: 删除宿舍信息 \n");
        printf(" 3: 查询宿舍信息 \n");
        printf(" 4: 修改宿舍信息\n");
        printf(" 5: 显示宿舍信息 \n");
        printf(" 6: 保存宿舍信息 \n");
        printf(" 7: 退出\n");
        printf("请选择1-7:\n");
        scanf("%d",&tage);
        switch(tage)
        {
        case 1:Add_Room();break;
        case 2:Delete_Room();break;
        case 3:Search_Room();break;
        case 4:Modify_Room();break;
        case 5:Print_Infor();break;
        case 6:Save_Infor();printf("\n\t 保存成功! \n\n");break;
        case 7:Load_Infor();printf("\n\t 退出学生宿舍管理系统! \n");exit(0);break;
        default:printf("\n 没有此操作!\n");break;
        }
    }
}
Room_Infor*Load_Infor()          //用链表来存储数据，用尾插法来实现链表的建立。把
                                 //Room_Infor 文件的信息写入到内存中。
```

```
{
    FILE *fp;
    Room_Infor *head_1,*p,*q;
    head_1=NULL;
    fp=fopen("Room_Infor","r");
    if(fp==NULL)
    {
        fp=fopen("Room_Infor","w");
        fclose(fp);
        return head_1;
    }
    p=(Room_Infor*)malloc(sizeof(Room_Infor));
    if(fread(p,sizeof(Room_Infor),1,fp)!=1)return head_1;      //从文件中读取一个学
                                                               //生的全部数据到 p 所指的内存中

    head_1=p;
    while(!feof(fp))                          //当条件为不是文件尾的时候执行后续代码
printf("调用成功! ");
    {
        q=p;
        p=(Room_Infor*)malloc(sizeof(Room_Infor));
        fread(p,sizeof(Room_Infor),1,fp);
        q->next=p;
    }
    q->next=NULL;
    free(p);
    fclose(fp);

    return head_1;
}
void Add_Room()         //输入房间信息,包括楼层、房间号、校区、宿舍标准人数、宿舍现住人数
{
    int i;
    Room_Infor *p,*q;
    Room_Infor *stud1;
    char flag='y';
    stud1=(Room_Infor*)malloc(sizeof(Room_Infor));
    while(flag=='y'||flag=='Y')
    {
        q=p=head;
```

```
          printf("请输入房间的基本信息:\n");
          printf("\n请输入楼层: ");
          scanf("%d",&stud1->flour_num);
          printf("\n请输入房间号: ");
          scanf("%d",&stud1->room_num);
lp:       printf("\n请输入校区（s 或 n）: ");
          scanf("%s",&stud1->loca);
          if(strcmp(stud1->loca,"s")==0||(strcmp(stud1->loca,"n")==0))
                              //用于判断此时的输入是否正确，若不正确，返回上一级重新输入
          {
          printf("\n请输入宿舍标准人数: ");
          scanf("%d",&stud1->contain_people);
          printf("\n请输入宿舍现住人数: ");
          scanf("%d",&stud1->reside_people);
          printf("楼层   \t房间号   \t校区      \t宿舍标准人数   \t宿舍现住人数\n");
          stud1->next=NULL;
          fflush(stdin);
          if(head==NULL)
          head=stud1;
          else
          {
              while(p->room_num<stud1->room_num&&p->next!=NULL)
              {
                  q=p;p=p->next;
              }
              if(p->room_num>stud1->room_num)
              {
                  if(p==head)
                  {
                  stud1->next=head;head=stud1;
                  }
                  else
                  {
                  q->next=stud1;stud1->next=p;
                  }
              }
              else p->next=stud1;
          }
          }
```

```c
    else
    {
        printf("\n输入错误！请重试！\n");
        goto lp;
    }
    stud1=(Room_Infor*)malloc(sizeof(Room_Infor));
    p=head;
    while(p!=NULL)
{
    printf("%d  \t\t  %d\t\t  %s\t\t  %d\t\t   %d\n",p->flour_num, p->room_
num,p->loca,p->contain_people,p->reside_people);
    p=p->next;
}


printf("=======================================================================
====================\n");
    printf(" 继续添加新信息,继续请按'y' or 'Y' , 否则按任意键退出 :\n");
    flag=getchar();


printf("=======================================================================
====================\n");
    system("cls");
}
    free(stud1);
    system("cls");
}
int Delete_Room()                    //删除学生宿舍信息，包括楼层、房间号、校区、宿舍标准人数、宿舍
                                     //现住人数

{
    Room_Infor *next;
    Room_Infor *p,*q;
    int room_num;
    char flag='y';
    int tage=0;
    while(flag=='y'||flag=='Y')
    {
        p=head;
        q=NULL;
        printf("\n请输入要删除的房间号!:");
```

```
    scanf("%d",&room_num);
    if(head==NULL)
    {
        printf("没有房间信息\n");return 0;
    }
    while(p!=NULL)
    {
        if(p->room_num==room_num)
        {
            char ch;
            getchar();
            printf("\n\t 确认要删除吗？\n\n\t 是按 'Y' or 'y' 键，不删除按 'N' or 'n'
键:");
            scanf("%c",&ch);
            if(ch=='Y'||ch=='y')
            {
                tage=1;
                if(p==head)head=head->next;
                else q->next=p->next;
                free(p);
                printf("\n\t 删除成功\n! ");break;
            }
            else return 0;
        }
        q=p;
        p=p->next;
    }
    if(tage==0) printf("\n 删除的信息不存在!\n");
    tage=0;
    printf("\n 此时房间信息如下：\n\n");
    printf("所在楼层　\t 房间号　\t 校区　　　\t 宿舍标准人数　\t 宿舍现住人数\n");
    p=head;
    while(p!=NULL)
  {
    printf("　　%d　\t\t　%d\t\t　%s\t\t　%d\t\t　　%d\n",p->flour_num,
p->room_num,p->loca,p->contain_people,p->reside_people);
    p=p->next;
  }
    printf("===========================================================
```

```
==========================\n");
        printf("\n\n 继续删除按：y or Y ，否则按任意键退出\n");
        fflush(stdin);
        scanf("%c",&flag);
        printf("============================================================
==========================\n");
    }
    system("cls");
    return 0;
}
void Search_Room()            //房间信息检索，输入房间号检索房间信息
{
    Room_Infor *p;
    char flag='y';
    int room_num;
    int tage=0;
    while(flag=='y'||flag=='Y')
    {
        printf("请输入待查询的房间号!：");
        scanf("%d",&room_num);
        p=head;
        if(head==NULL)
            printf("\n 目前没有房间信息!\n");
        else

            while(p!=NULL)
                if(p->room_num==room_num)
                {
                    printf("\n 所在楼层   \t 房间号   \t 校区    \t 宿舍标准人数   \t 宿舍
现住人数\n");
                    tage=1;
                    printf("信息如下:\n");
                    printf("%d  \t\t  %d\t\t  %s\t\t  %d\t\t    %d\n",p->flour_
num,p->room_num,p->loca,p->contain_people,p->reside_people);
                    printf("=====================================================
===============================\n");
                    break;
                }
                else
```

```
                p=p->next;
                if(tage==0)printf("\n 没有查找相关信息!\n");
                tage=0;
                printf("\n 此时房间信息如下：\n\n");
                printf("所在楼层   \t 房间号   \t 校区       \t 宿舍标准人数   \t 宿舍现住
人数\n");
                p=head;
                while(p!=NULL)
    {
        printf("%d   \t\t   %d\t\t   %s\t\t   %d\t\t       %d\n",p->flour_num,
p->room_num,p->loca,p->contain_people,p->reside_people);
        p=p->next;
    }
                printf("=======================================================
==================================\n");
                printf("\n 继续查询请按：y or Y,否则按任意键退出 \n");
                fflush(stdin);
                flag=getchar();
                printf("=======================================================
==================================\n");
                system("cls");
    }
}
void Modify_Room()          //修改房间信息，包括楼层、房间号、校区、宿舍标准人数、宿舍现住人数
{
    Room_Infor *p;
    int room_num;
    int tage=0;
    int chiose;
    char flag='y';
lp:    printf("\n 请输入待修改的房间号!： ");
    scanf("%d",&room_num);
    p=head;
    while(flag=='y'||flag=='Y')
    {
        if(head==NULL)
        {
        printf("\n 房间不存在!\n");
        }
```

27

```
while(p!=NULL)
{
    if(p->room_num==room_num)
    {
        tage=1;
        printf("请选择要修改的信息!\n");
        printf("1:<楼层>\n");
        printf("2:<房间号>\n");
        printf("3:<校区>\n");
        printf("4:<宿舍标准人数>\n");
        printf("5:<宿舍现住人数>\n");
        printf("\n 请选择 1----5: ");
        scanf("%d",&chiose);
        switch(chiose)
        {
        case 1:
            {int flour_num;
            printf("\n 请输入新的楼层数: ");
            scanf("%d",&flour_num);
            p->flour_num=flour_num;
            break;
            }
        case 2:
            {int room_num;
            printf("\n 请输入房间号: ");
            scanf("%d",&room_num);
            p->room_num=room_num;
            break;
            }
        case 3:
            {char loca[40];
            printf("\n 请输入校区: ");
            scanf("%s",&loca);
            strcpy(p->loca,loca);
            break;
            }
        case 4:
            {int contain_people;
            printf("\n 请输入能容纳的人数: ");
```

```
                   scanf("%d",&contain_people);
                   p->contain_people=contain_people;
                   break;
                   }
             case 5:
                   { int reside_people;
                   printf("\n请输入现有人数：");
                   scanf("%d",&reside_people);
                   p->reside_people=reside_people;
                   break;
                   }
             default: {printf("请检查是否输入错误!\n");break;}
             }break;
          }
          else p=p->next;
     }
     if(tage==0)printf("\n没有此房间信息!\n");
     tage=0;
     printf("\n此时所有房间信息如下：\n\n");
     printf("楼层   \t房间号   \t校区        \t宿舍标准人数     \t宿舍现住人数\n");
     p=head;
     while(p!=NULL)
  {
     printf("%d   \t\t   %d\t\t   %s\t\t   %d\t\t     %d\n",p->flour_num,p->
room_num,p->loca,p->contain_people,p->reside_people);
     p=p->next;
     }         printf("===========================================================
================================\n");
     printf("\n继续查询请按：y or Y,否则按任意键退出 \n");
          fflush(stdin);
          flag=getchar();
          if (flag=='y'||flag=='Y') goto lp;
          system("cls");

     }


}
int Print_Infor()            //遍历输出房间信息，包括楼层、房间号、校区、宿舍标准人数、宿舍
                             //现住人数
```

```c
{
    Room_Infor *p;
    p=head;
    if(head==NULL)
    {
        printf("没有相关的信息!\n");
        return 0;
    }
    printf("楼层   \t 房间号   \t 校区       \t 宿舍标准人数   \t 宿舍现住人数\n");
    printf("=============================================================
========================\n");
    while(p!=NULL)
    {
        printf("%d   \t\t   %d\t\t   %s\t\t   %d\t\t       %d\n",p->flour_num,
p->room_num,p->loca,p->contain_people,p->reside_people);
        p=p->next;
    }
    printf("=============================================================
========================\n");
    printf("显示完毕\n");
    return 0;
}
int Save_Infor()          //文件保存
{
    FILE *fp;
    fp=fopen("Room_Infor","w");
    while(head!=NULL)
    {
        fwrite(head,sizeof(Room_Infor),1,fp);
        head=head->next;
    }
    fclose(fp);
    system("cls");
    return 0;
}
```

第三章 <<<

学生成绩管理系统

1. 需求分析

学生成绩管理系统的功能如下。

（1）实现简易的提示菜单界面，便于软件的操作使用。

（2）文件操作：当系统退出时，把数据保存到文件中；当再次登录时，从文件中读取数据。

（3）录入数据：首次登录系统，数据从键盘录入得到。

（4）添加操作：添加学生及成绩记录。

（5）修改操作：按照学生的学号修改对应记录的各个属性，并进行修改确认。

（6）删除操作：查询待删除的学生成绩记录，给出删除确认提示，删除之后进行文件存储操作。

（7）查询操作：按照姓名查询学生成绩信息；查询成功给出查询结果，查询失败给出提示信息。

（8）排序操作：按成绩对记录进行升序或降序排列。

学生成绩管理系统功能结构图如图 3-1 所示。

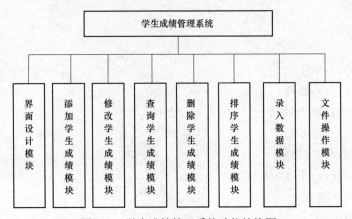

图 3-1 学生成绩管理系统功能结构图

2. 关键代码分析

（1）学生成绩管理系统采用结构体数组存储数据，定义结构体 Student，包括学号、姓名、数学成绩、语文成绩、英语成绩和平均成绩，然后定义结构体数组 students，长度为 1 000。

（2）设置全局变量 num，用来统计学生的数量。

（3）增加学生记录是通过 Add 函数实现的，通过一个永真的循环 while (1)实现连续输入学生记录，直到输入"n"为止，该函数实现较简单。

（4）修改操作是通过 Modify 函数实现的，首先输入要修改的学生记录的学号，通过 SearchByIndex 函数确定其在结构体数组中的下标，如果该学号不存在，给出提示，否则显示该学生的信息，然后依次修改该下标对应的学生的基本信息。

（5）删除学生信息是通过 Delete 函数实现的，首先输入要删除的学生记录的学号，通过 SearchByIndex 函数确定其在结构体数组中的下标，如果该学号不存在，给出提示，否则删除该条记录，并将结构体数组中的后续记录前移。

（6）查询学生信息是通过 Select 函数实现的，首先输入学生的姓名，通过 SearchByName 函数确定其在结构体数组中的下标，如果不存在，给出提示，否则通过 DisplaySingle 函数显示该学生的基本信息。

（7）排序操作是通过 Sort 函数实现的，有 4 种排序方式，分别是按数学成绩排序、按语文成绩排序、按英语成绩排序和按平均成绩排序。

3. 源代码

```
#include <stdio.h>
#include <stdlib.h>
#include <string.h>
```

学生成绩管理系统

```
/*定义学生结构体*/
struct Student
{
    char ID[20];//学号
    char Name[20];//姓名
    float Mark1;//数学成绩
    float Mark2;//语文成绩
    float Mark3;//英语成绩
    float Average;//平均成绩
};
/*声明学生数组及学生数量*/
struct Student students[1000];
```

```
int num=0;
/*求平均值*/
float Avg(struct Student stu)
{
    return (stu.Mark1+stu.Mark2+stu.Mark3)/3;
}
/*通过学号返回数组下标*/
int SearchByIndex(char id[])
{
    int i;
    for (i=0;i<num;i++)
    {
    if (strcmp(students[i].ID,id)==0)
        {
            return i;
        }
    }
    return -1;
}
/*通过姓名返回数组下标*/
int SearchByName(char name[])
{
    int i;
    for (i=0;i<num;i++)
    {
        if (strcmp(students[i].Name,name)==0)
        {
            return i;
        }
    }
    return -1;
}
/*显示单条学生记录*/
void DisplaySingle(int index)
{
    printf("%10s%10s%8s%8s%8s%10s\n","学号","姓名","数学成绩","语文成绩","英语成
绩","平均成绩");
    printf("-----------------------------------------------------------
----\n");
```

```
    printf("%10s%10s%8.2f%8.2f%10.2f%10.2f\n",students[index].ID,
students[index].Name,
            students[index].Mark1,students[index].Mark2,students[index].Mark3,
students[index].Average);
}
/*添加学生及成绩信息*/
void Add()
{
    while(1)
    {
        printf("请输入学号:");
        scanf("%s",&students[num].ID);
        getchar();
        printf("请输入姓名:");
        scanf("%s",&students[num].Name);
        getchar();
        printf("请输入数学成绩:");
        scanf("%f",&students[num].Mark1);
        getchar();
        printf("请输入语文成绩:");
        scanf("%f",&students[num].Mark2);
        getchar();
        printf("请输入英语成绩:");
        scanf("%f",&students[num].Mark3);
        getchar();
        students[num].Average=Avg(students[num]);
        num++;
        printf("是否继续?(y/n)");
        if (getchar()=='n')
        {
            break;
        }
    }
}
/*修改学生及成绩信息*/
void Modify()
{
    while(1)
    {
```

```c
char id[20];
int index;
printf("请输入要修改的学生的学号:");
scanf("%s",&id);
getchar();
index=SearchByIndex(id);
if (index==-1)
{
    printf("学生不存在!\n");
}
else
{
    printf("你要修改的学生信息为:\n");
    DisplaySingle(index);
    printf("-- 请输入新值--\n");
    printf("请输入学号:");
    scanf("%s",&students[index].ID);
    getchar();
    printf("请输入姓名:");
    scanf("%s",&students[index].Name);
    getchar();
    printf("请输入数学成绩:");
    scanf("%f",&students[index].Mark1);
    getchar();
    printf("请输入语文成绩:");
    scanf("%f",&students[index].Mark2);
    getchar();
    printf("请输入英语成绩:");
    scanf("%f",&students[index].Mark3);
    getchar();
    students[index].Average=Avg(students[index]);
}
printf("是否继续?(y/n)");
if (getchar()=='n')
{
    break;
}
}
}
```

```
/*删除学生及成绩信息*/
void Delete()
{
    int i;
    while (1)
    {
        char id[20];
        int index;
        printf("请输入要删除的学生的学号:");
        scanf("%s",&id);
        getchar();
        index=SearchByIndex(id);
        if (index==-1)
        {
            printf("学生不存在!\n");
        }
        else
        {
            printf("你要删除的学生信息为:\n");
            DisplaySingle(index);
            printf("是否真的要删除?(y/n)");
            if (getchar()=='y')
            {
                for (i=index;i<num-1;i++)
                {
                    students[i]=students[i+1];//把后边的对象都向前移动
                }
                num--;
            }
            getchar();
        }
        printf("是否继续?(y/n)");
        if (getchar()=='n')
        {
            break;
        }
    }
}
/*按姓名查询*/
```

```
void Select()
{
    while (1)
    {
        char name[20];
        int index;
        printf("请输入要查询的学生的姓名:");
        scanf("%s",&name);
        getchar();
        index=SearchByName(name);
        if (index==-1)
        {
            printf("学生不存在!\n");
        }
        else
        {
            printf("你要查询的学生信息为:\n");
            DisplaySingle(index);
        }
        printf("是否继续?(y/n)");
        if (getchar()=='n')
        {
            break;
        }
    }
}
/*按平均成绩排序*/
void SortByAverage()
{
    int i,j;
    struct Student tmp;
    for (i=0;i<num;i++)
    {
        for (j=1;j<num-i;j++)
        {
            if (students[j-1].Average<students[j].Average)
            {
                tmp=students[j-1];
                students[j-1]=students[j];
```

```
                students[j]=tmp;
            }
        }
    }
}
/*按语文成绩排序*/
void SortBy2()
{
    int i,j;
    struct Student tmp;
    for (i=0;i<num;i++)
    {
        for (j=1;j<num-i;j++)
        {
            if (students[j-1].Mark2<students[j].Mark2)
            {
              tmp=students[j-1];
              students[j-1]=students[j];
              students[j]=tmp;
            }
        }
    }
}
/*按数学成绩排序*/
void SortBy1()
{
    int i,j;
    struct Student tmp;
    for (i=0;i<num;i++)
    {
        for (j=1;j<num-i;j++)
        {
            if (students[j-1].Mark1<students[j].Mark1)
            {
              tmp=students[j-1];
              students[j-1]=students[j];
              students[j]=tmp;
            }
        }
```

```
    }
}
/*按英语成绩排序*/
void SortBy3()
{
    int i,j;
    struct Student tmp;
    for (i=0;i<num;i++)
    {
        for (j=1;j<num-i;j++)
        {
            if (students[j-1].Mark3<students[j].Mark3)
            {
                tmp=students[j-1];
                students[j-1]=students[j];
                students[j]=tmp;
            }
        }
    }
}
/*显示学生信息*/
void Display()
{
    int i;
    printf("%s\t%s\t%s\t%s\t%s\t%s\n","学号","姓名","数学成绩","语文成绩","英语成绩
","平均成绩");
    printf("------------------------------------------------------------
---\n");
    for (i=0;i<num;i++)
    {
        printf("%s\t%s\t%.2f\t%.2f\t%.2f\t%.2f\n",students[i].ID,students[i].
Name,
            students[i].Mark1,students[i].Mark2,students[i].Mark3,students[i].
Average);
    }
}
void Sort()//排序选择
{
    int n;
```

```
    printf("选择排序的方式：\n");
    printf("1->按数学成绩排序\n2->按语文成绩排序\n3->按英语成绩排序\n4->按平均成绩排序
\n");
    scanf("%d",&n);
    switch(n)
    {
        case 1:SortBy1();break;
        case 2:SortBy2();break;
        case 3:SortBy3();break;
        case 4:SortByAverage();break;
    }
    Display();
}
/*将学生信息从文件读出*/
int Read()
{
    FILE *fp;
    int i;
    fp=fopen("score.txt","at+");
    for(i=0;i<1000;i++,num++)
        {
            fscanf(fp,"%s\t%s\t%2.f\t%2.f\t%2.f\t%2.f\t",students[i].ID,
students[i].Name,students[i].Mark1,students[i].Mark2,students[i].Mark3,
students[i].Average);
        if (feof(fp)) break;
        }
        return num;
    fclose(fp);

}
/*将学生信息写入文件*/
void Write()
{
    FILE *fp;
    int i;
    if ((fp=fopen("score.txt","w"))==NULL)
    {
        printf("不能打开文件!\n");
        return;
```

```
    }
    for (i=0;i<num;i++)
    {
        if        (fprintf(fp,"%s\t%s\t%2.f\t%2.f\t%2.f\t%2.f\t",students[i].ID,
students[i].Name,students[i].Mark1,students[i].Mark2,students[i].Mark3,studen
ts[i].Average)==0)
        {
            printf("写入文件错误!\n");
        }
    }
    fclose(fp);
}


/*主程序*/
int main()
{
    int choice;
    Read();
    while(1)
    {
        /*主菜单*/
        printf("\n------ 学生成绩管理系统------\n");
        printf("1->增加学生记录\n");
        printf("2->修改学生记录\n");
        printf("3->删除学生记录\n");
        printf("4->按姓名查询学生记录\n");
        printf("5->排序\n");
        printf("6->退出\n");
        printf("请选择(1-6):");
        scanf("%d",&choice);
        getchar();
        switch(choice)
        {
        case 1:Add();break;//添加记录
        case 2:Modify();break;//修改记录
        case 3:Delete();break;//删除记录
        case 4:Select();break;//查询
        case 5:Sort();break;//排序
        case 6:exit(0);break;//退出
```

```
        }
    Write();
    }
}
```

电子通信录管理系统

1. 需求分析

电子通信录管理系统主要包括以下功能。

（1）文件操作：系统设计要求联系人的信息录入从硬盘导入，所以要从给定的文件中读取联系人的信息。

（2）添加联系人操作：当有新的联系人需要添加时，可以加入到电子通信录中，便于管理。

（3）显示联系人的信息：用户可以了解联系人的详细信息（编号、联系人姓名、联系人地址、联系人电子邮件、联系人电话），可以显示某个联系人信息，也可以显示全部联系人信息。

（4）查询联系人操作：可按姓名精确查询联系人的信息。

（5）删除联系人操作：当联系人的信息不再需要时，可以从电子通信录中删除，删除时需要给用户"确认删除"提示语句。

（6）修改联系人操作：修改指定联系人的相关信息。

电子通信录管理系统功能结构图如图 4-1 所示。

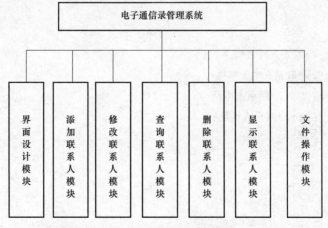

图 4-1　电子通信录管理系统功能结构图

2. 关键代码分析

（1）文件操作主要包括两个操作，加载文件内容的 Data_Up 函数和保存文件的 Data_Save 函数。Data_Up 函数使用了 fscanf 函数读取每一条记录，记录的每个字段之间用空格隔开，用 feof 函数判断是否读到了文件的末尾，如果读到了文件的结尾则退出循环，变量 j 记录了读取到的记录的条数。

（2）修改联系人信息是通过 Change 函数实现的，首先输入要修改的联系人的姓名，用 Search_Name 查找该联系人，返回其在结构体数组中的下标，用 Data_Show 显示该条记录，然后用 switch 语句判断要修改的字段，并更新对应字段的值。

（3）查看所有的联系人通过循环的方式调用 Data_Show 函数，逐条显示结构体数组中的所有记录。

（4）删除联系人是通过 DeletePeo 实现的，如果记录为空，则显示"没有要删除的记录"；否则输入要删除的联系人的姓名，如果没有该姓名，则显示"查找失败"，否则提示"是否删除该联系人"，如果输入 1，则删除该联系人对应的记录，并将后续的记录前移，表示记录数的全局变量 i 的值减去 1。

（5）查询联系人是通过 Search_Name 查找对应姓名的联系人在结构体数组中的下标 n，如果 n>=i，则查找的联系人不存在，否则用 Data_Show 显示该条记录。

（6）添加联系人是通过 Add_People 函数实现的，依次输入要添加的联系人的信息，存入结构体数组对应的位置，添加成功后使全局变量 i 的值加 1。

3. 源代码

```
#include <stdio.h>
#include <stdlib.h>

#define N 100      /*假定有100个联系人*/
struct record
{
    char name[20];/*联系人姓名*/
    char email[30];/*联系人电子邮件*/
    char telephone[20];/*联系人电话*/
    char homeaddr[60];/*联系人地址*/
}records[N];
int i=0;


void Data_Up()
{
    FILE *fp;
```

电子通信录管理系统

```
    int j;
    fp=fopen("records.txt","r+");
    for(j=0;j<N;j++)
    {
        if (feof(fp)) break;
fscanf(fp,"%s %s %s %s",records[j].name,records[j].email,records[j].telephone,
records[j].homeaddr);
    }
    i=j;
    fclose(fp);
}


void Data_Show(int j)
{

    printf("联系人姓名:%s",records[j].name);
    printf("联系人电子邮件:%s",records[j].email);
    printf("联系人电话号码:%s",records[j].telephone);
    printf("联系人地址:%s",records[j].homeaddr);
    printf("\n");

}


void Add_People(char name[20])
{
        strcpy(records[i-1].name,name);
        printf("\n 请输入联系人电子邮件: ");
        scanf("%s",records[i-1].email);
        printf("\n 请输入联系人电话: ");
        scanf("%s",records[i-1].telephone);
        printf("\n 请输入联系人地址: ");
        scanf("%s",records[i-1].homeaddr);
        printf("添加成功!\n");i++;
}


int Search_Name(char namestr[20])
{
    int j;/*不考虑同名的人*/
    for(j=0;j<i;j++)
    {
```

```
        if(strcmp(namestr,records[j].name)==0)
            break;
    }
    return j;  /*返回联系人在数组中的下标*/
}


void DeletePeo()
{
    char nametemp[20];
    int tp,n;
    if(i<1)
    {
        printf("\n 没有删除的记录\n");
        return;
    }
    printf("请输入您要查找的联系人的姓名:");
    scanf("%s",nametemp);
    n=Search_Name(nametemp);
    if(n==1)
    {
        printf("查找失败!\n");
        return;
    }
    printf("确认要删除吗? 确认按 1, 否则按任意键返回上一级菜单!\n");
    scanf("%d",&tp);
    if(tp==1)
    {
        int j;
        for(j=n+1;j<i;j++)
        {
            strcpy(records[j-1].name,records[j].name);
            strcpy(records[j-1].email,records[j].email);
            strcpy(records[j-1].telephone,records[j].telephone);
            strcpy(records[j-1].homeaddr,records[j].homeaddr);
        }
        i--;/*联系人总数减 1*/
    }
    else return;
}
```

```
void Change(char name[20])
{
    int n,m;
    char string[60];
    n=Search_Name(name);
    if(n>=i){printf("你查找的联系人不存在!\n");return;}
    Data_Show(n);
    printf("请选择你要修改的资料:\n1->修改联系人姓名;\n2->修改联系人电子邮件;\n3->修改联
系人电话;\n4->修改联系人地址;\n5->退出!\n\n");
    scanf("%d",&m);
    while(m!=5)
    {
        switch(m)
        {
        case 1:
            printf("请输入新的姓名:");
            scanf("%s",string);
            strcpy(records[n].name,string);
            break;
        case 2:
            printf("请输入新的电子邮件:");
            scanf("%s",string);
            strcpy(records[n].email,string);
            break;
        case 3:
            printf("请输入新的电话:");
            scanf("%s",string);
            strcpy(records[n].telephone,string);
            break;
        case 4:
            printf("请输入新的地址:");
            scanf("%s",string);
            strcpy(records[n].homeaddr,string);
            break;
        case 5:
            return;
        }
```

```
        printf("请继续选择你要修改的资料:\n1->修改联系人姓名;\n2->修改联系人电子邮
件;\n3->修改联系人电话;\n4->修改联系人地址;\n5->退出!\n\n");
        scanf("%d",&m);
    }
}
void Data_Save()
{
    FILE *fp;
    int j;
    fp=fopen("records.txt","a+");
    for(j=0;j<i;j++)
    {
        fprintf(fp,"%s     %s     %s     %s",records[j].name,records[j].email,
records[j].telephone,records[j].homeaddr);
    }
     fclose(fp);
}

void main()
{
    int ch,m,n,j;
    char tp,nametemp[20];
    Data_Up();/*把文件数据导入内存*/
    printf("电子通信录:\n");
    printf("请选择您需要的操作:\n");
    printf("1->修改;\n2->查看所有的联系人;\n3->删除联系人;\n4->查询联系人;\n5->添加联
系人;\n6->保存;\n7->退出\n\n");
    scanf("%d",&ch);
    while(1)
    {
        switch(ch)
        {
        case 1:
            printf("请输入要修改的联系人姓名:");
            scanf("%s",nametemp);
            Change(nametemp);
            break;
        case 2:
            printf("联系人的基本信息如下:\n");
```

```
        for(m=0;m<i;m++)Data_Show(m);
        break;
    case 3:
        DeletePeo();
        break;
    case 4:
        printf("请输入你要查询的人的姓名:");
        scanf("%s",nametemp);
        n=Search_Name(nametemp);
        if(n>=i)printf("没有你要找的联系人!\n");
        else Data_Show(n);
        break;
    case 5:
        printf("请输入待添加的联系人的姓名：");
        scanf("%s",nametemp);
        Add_People(nametemp);
        break;
    case 6:
        printf("保存数据吗？确定按8键，否则按任意键选择其他操作!\n");
        scanf("%d",&tp);
        if(tp==8)Data_Save();
        break;
    case 7:
        return;
    }
    printf("1->修改;\n2->查看所有的联系人;\n3->删除联系人;\n4->查询联系人;\n5->添
加联系人;\n6->保存;\n7->退出\n");
    scanf("%d",&ch);
    }
}
```

第五章 <<<

ATM 终端机模拟系统

1. 需求分析

ATM 终端机模拟系统通过输入卡号模拟一张可识别的银行储蓄卡，然后通过用户身份验证后，同用户进行各种交互，例如，实现查询余额、存款、取款、转账和修改密码等功能。

（1）文件操作，该模块包括系统文件 iddata.txt 和各个用户的日志文件。

当用户登录系统验证身份及密码时，打开指定路径的系统文件并读取文件。

用户进行各种操作，如果系统中已经存在该用户的日志文件，则打开该用户的日志文件并追加记录各种操作。

如果是用户首次登录，日志文件不存在，则为用户在指定路径建立日志文件并记录各种操作。

每个用户所进行的登录、存款、取款、修改密码等历史操作日志保存在以账户号为名的文件中。

（2）用户登录。用户登录模块的功能，首先是验证卡号，假设用手动输入卡号代替插卡操作，如果验证失败，退回到登录界面；验证成功，即输入的卡号正确继续验证用户密码。用户密码验证不超过 3 次，验证通过，继续下一步操作；验证失败，退回到登录界面。

（3）修改密码。用户可以根据提示修改密码。用户密码设置为一个 6 位字符串，一般来说应为 0~9 的字符。

用户需要两次输入新密码，如果两次输入的一致，则确认修改，否则返回上一级菜单。

（4）查询余额，能查询用户余额并显示报告给用户。

（5）用户取款。当交易金额超过当前账户余额时，系统提示"余额不足"，并返回到取款界面。

用户能够进行取款操作，取款数目只支持交易金额为 50 的倍数。

取款金额一次不能超过 2 500 元。

如果输入、输出违反以上规定，则系统提示错误，返回到上一级界面。

（6）用户存款。实现存款功能，用户存款金额为 50 元的倍数。

存款操作完成，报告用户存款成功，并报告用户存款金额。

按任意键返回到上一级界面。

（7）用户转账。实现用户转账操作。

（8）添加用户账户。可以添加用户账户信息，并保存至系统文件 iddata.txt 中。

ATM 终端机模拟系统功能结构图如图 5-1 所示。

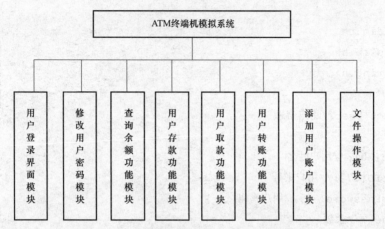

图 5-1　ATM 终端机模拟系统功能结构图

2. 关键代码分析

（1）设置结构体变量类型 USERDATA，包括用户姓名、账号、密码和余额，记录用户的账户信息，并设置全局结构体数组 userdata，长度为 500，设置全局变量 i，用来记录系统文件中账户的数量。

（2）前台服务，首先调用 AdminLogin 函数输入系统管理员账户和密码，如果验证成功，通过 BuildUser 函数实现添加用户账户，每添加一个账户就在系统文件中追加一条记录。

（3）用户登录，调用 UserLogin 函数，系统文件中的用户都可以通过用户账号和密码进行登录，正确的账号有 3 次输入密码的机会，如果输入 3 次以上密码还不正确，则退出系统。如果账号密码正确，则返回用户在 userdata 数组中的下标 j，并根据 j 值进入该用户界面，可以进行用户存款、用户取款、用户转账、查看余额、修改密码、退出系统操作。

（4）用户存款是通过 SaveMoney 函数实现的，定义 money 变量保存要存的钱数，必须为50 的整数倍，将该用户的账户余额与 money 的值相加保存为新值，更新系统文件并将 money 的值返回。

（5）用户取款是通过 DrawMoney 函数实现的，定义 money 变量存放要取的钱数，必须为 50 的整数倍，并且不超过 2 500 元，同时小于账户余额，如果条件都满足，则将账户余额减少 money，更新系统文件并将 money 值返回。

（6）用户转账是通过 Trans 函数实现的，输入要转向的账号，采用 for 循环在系统文件中查找相应的账号，然后输入要转账的金额赋值给 money，判断输入的金额是否超过转账的账户金额，如果超出，给出金额不足的提示，否则转账的账户金额减少 money 值，转向的账户金额增加 money 值，给出提示，更新系统文件并将 money 值返回。

（7）修改密码操作是通过 ChangePassword 函数实现的，两次输入新的密码值，如果两次输入一致，则用新的密码值替换旧的密码值。

3. 源代码

```
#include <stdio.h>
#include <stdlib.h>
#include <string.h>

typedef struct User//用户信息
{
    char Name[20];//用户姓名
    char UserID[17];//用户账号
    char UserPassword[7];//用户密码
    float money;//余额
}USERDATA;
USERDATA userdata[500];
int i=0;

void Initial();//初始化界面
void BuildUser();//管理员新建用户
int UserLogin();//用户登录界面
void AdminLogin();//管理员登录界面
void Menu(int n);//主界面菜单
void ChangePassword(struct User *p);//修改密码
float SaveMoney(struct User *p);//存款函数
float DrawMoney(USERDATA *p);//取款函数
float Trans(struct User *p);//转账函数
void Balance();//查看余额
void Up_Data();//加载数据
void Save();//文件存储函数

int main()
{
    system("cls");//清屏
    system("ATM 终端机模拟系统");
    system("color 0b");
    Initial();
    return 0;
}
```

ATM 终端机模拟系统

```
void Initial()//初始化界面
{
    system("cls");
    int c,ret,b;
    Up_Data();
    while(1)
    {
        printf("\n\n\n \n\n\n           \n");
        printf("\t 欢迎使用 ATM 终端服务系统\n\n");
        printf("--------------------------------\n\n");
        printf("--------------------------------\n\n");
        printf("              1 用户登录            \n\n\n");
        printf("              2 前台服务            \n\n\n");
        printf("              3 退出系统            \n\n\n ");
        printf("--------------------------------\n");
        printf("请输入您的选择：");
        scanf("%d",&c);
        switch(c)
            {
                case 1:ret=UserLogin();Menu(ret);break;
                case 2:system("cls");AdminLogin();break;
                case 3:exit(0);break;
                default:
                    printf("错误输入，请重试。\n");
            }


    }
}
int UserLogin()//用户登录界面
{
    Up_Data();
    int j,k=0;
    system("cls");
    char UseriD[17];
    char Userpassword[7];
    printf("请输入用户账号:");
    scanf("%s",UseriD);
    printf("请输入用户密码:");
    scanf("%s",Userpassword);
```

```
    int count =0;
    for(j=0;j<i;j++)
        {
            if(strcmp(UseriD,userdata[j].UserID)==0)
            {       for(k=0;k<2;k++)

                    {
                    if(strcmp(Userpassword,userdata[j].UserPassword)==0)
                    return j;
                    else
                        {
                         printf("密码错误请重新输入:");
                         gets(Userpassword);
                        }
                    }
            printf("密码已输入错误 3 次，即将退出程序。\n");
            getch();
            Initial();
            }
        }
    printf("查无此用户! 按任意键返回");
    getch();  .
    Initial();
}


void AdminLogin()//管理员登录界面
{
    char adminID[20]="123",adminPassword[7]="123";//管理员 ID 和密码
    char id[20],pw[7];
    i:printf("请输入管理员账号:\n");
    gets(id);
    p:printf("请输入管理员密码:\n");
    gets(pw);
    if(strcmp(id,adminID)==0)//判断管理员账号是否相同
    {
        if(strcmp(pw,adminPassword)==0)
        {
            printf("\n 登录成功，请按任意键开始录入用户。\n");
            getch();
```

```
            system("cls");
            BuildUser();
            printf("\n 录入完成，退出程序");
            exit(0);
        }
        else
            printf("\n 密码输入错误，请重新输入。\n");//判断管理员密码是否正确
            goto p;
    }
    else
        printf("\n 账号不匹配，请重试。\n");goto i;


}
void Menu(int n)//主菜单界面
{
    int c;
    float money;
    FILE *fp1;
    Up_Data();
    char path[30]="",suffix[]=".txt";
    strcat(path,userdata[n].UserID);
    strcat(path,suffix);
    if((fp1=fopen(path,"r"))==NULL)
    {
        fp1=fopen(path,"w");
        fprintf(fp1,"%-20s%-10s%-10s% 10s\n","账号","操作","金额","余额");
    }
    fp1=fopen(path,"a");
    while(1)
    {
        system("cls");
        printf("\n\n\t\t");
        printf("\t\t");
        printf("请选择您的操作:\n\n");
        printf("\t\t");
        printf("--------------------------\n");
        printf("\n\t\t");
        printf("            1 用户存款            \n");
        printf("\n\t\t");
```

```
    printf("               2 用户取款               \n");
    printf("\n\t\t");
    printf("               3 用户转账               \n");
    printf("\n\t\t");
    printf("               4 查看余额               \n");
    printf("\n\t\t");
    printf("               5 修改密码               \n");
    printf("\n\t\t");
    printf("               6 退出登录               \n");
    printf("\t\t");
    printf("=======================================\n");
    printf("\t\t");
    scanf("%d",&c);
    money=0;
    switch(c)
    {
        case 1:system("cls");money=SaveMoney(&userdata[n]);break;//用户存款
        case 2:system("cls");money=DrawMoney(&userdata[n]);break;//用户取款
        case 3:system("cls");money=Trans(&userdata[n]);break;//用户转账
        case 4:printf("                     ");
        printf("您的当前余额为：%.2fRMB。\n",userdata[n].money);//用户转账
        printf("请按任意键返回。");getch();break;
        case 5:ChangePassword(&userdata[n]);break;
        case 6:printf("                     ");
        printf("欢迎下次使用，谢谢。\n");getch();Initial();//退出程序
    }

    fprintf(fp1,"%-20s%-10d%-10.2f%-10.2f\n",userdata[n].UserID,c,money,
userdata[n].money);
    }
    fclose(fp1);
}
void BuildUser()//管理员新建用户
{
    USERDATA userdata;
    int c=1;//判断是否继续录入，如果继续请按1，否则按2
    FILE *fp;
    if((fp=fopen("iddata.txt","a"))==NULL)
    {
```

```
        printf("Failure to open admin.txt!\n");
        exit(0);
    }
    do
    {
        system("cls");
        printf("\n请输入用户姓名:");
        gets(userdata.Name);
        printf("\n请输入用户账号:");
        gets(userdata.UserID);
        printf("\n请输入用户密码:");
        gets(userdata.UserPassword);
        printf("\n请输入用户当前余额:");
        scanf("%f",&userdata.money);
        fprintf(fp,"%s   %s   %s   %f\n",userdata.Name,userdata.UserID,userdata.
UserPassword,userdata.money);//将录入数据保存到文件中
        printf("\n录入成功。\n继续录入请按1 \n结束录入并退出登录请按2\n");
        scanf("%d",&c);
        getch();
    }while(c==1);
    fclose(fp);
    Initial();
}
float SaveMoney(struct User *p)//存款
{
    float money;
    printf("请输入您的存款金额:\n");
    do
    {
        scanf("%f",&money);
        if((int)money%50!=0)
        {
            //判断存款金额是否为50的倍数
            printf("对不起,只能识别面值为50或100的钞票。\n\n请重新开始您的存款:");
        }
    }while((int)money%50!=0);
    p->money+=money;
    printf("成功存入%.2fRMB,请按任意键继续操作。\n",money);
    getch();
```

```
    Save();
    return money;
}
float DrawMoney(USERDATA *p)//取款
{
    float money;
    printf("请输入您要取的金额:\n");
    do
    {
        scanf("%f",&money);
        if(money>p->money)
            {
                printf("\n 您卡里的余额不足！\n");
                printf("\n 按任意键，查询余额。");
                getch();
                return 0;
            }
        if(money>2500)
            printf("\n 一次最多可以取 2 500RMB,请重新输入取款金额:");
        if((int)money%50!=0)
            printf("\n 此提款机只有面值为 50 或 100 的 RMB,请重新输入您的取款金额:");
    }while(money>2500||(int)money%50!=0);
    p->money-=money;
    printf("\n 成功取出%.2fRMB,请按任意键返回上层。\n",money);
    getch();
    Save();
    return money;
}
float Trans(struct User *p)//转账
{
    char bill[17];
    float money=0;
    int j;
    printf("\n 请输入您要转账的账号:");
    scanf("%s",bill);
    for(j=0;j<i;j++)
    {
        if(strcmp(userdata[j].UserID,bill)==0)
            {
```

```
        printf("已找到目标账号，请输入转账金额: ");
        scanf("%f",&money);
        if(money>p->money||money<=0)
        {
            printf("余额不足! \n 即将退出");
            Initial();
        }
        else
        {
        userdata[j].money=userdata[j].money+money;
        p->money=p->money-money;
        printf("成功转入目标账户%.2fRMB，请按任意键继续操作。\n",money);
        getch();
        }
        }
    }


    Save();
    return money;
}
void ChangePassword(struct User *p)//修改密码
{
    char str1[7],str2[7];
    do
    {
        printf("\n 请输入新的密码，密码为 6 位:");
        scanf("%s",str1);
        printf("\n 请再输入一次:");
        scanf("%s",str2);
        if(strcmp(str1,str2)!=0)
        {
            printf("\n 您输入的密码有误，请重新输入:");
        }
    }while(strcmp(str1,str2)!=0);
    strcpy(p->UserPassword,str1);
    printf("\n 密码修改成功，请选择其他操作。");
    getch();
    Save();
}
```

```
void Save()//文件存储函数
{
    FILE *fp;
    int j;
    if((fp=fopen("iddata.txt","w"))==NULL)//*打开文件
    {
        printf("打开失败\n");
        exit(0);
    }
    for(j=0;j<i;j++)
        fprintf(fp,"%s    %s    %s    %f\n",userdata[j].Name,userdata[j].UserID,
userdata[j].UserPassword,userdata[j].money);
    fclose(fp);
}
void Up_Data()//加载文件
{
    i=0;
    FILE *fp;
    fp=fopen("iddata.txt","r");
    while (!feof(fp))
     {
        fscanf(fp,"%s    %s    %s    %f",userdata[i].Name,userdata[i].UserID,
userdata[i].UserPassword,&userdata[i].money);
        i++;
     }
    fclose(fp);
}
```

第六章 <<<

银行用户管理系统

1. 需求分析

银行用户管理系统主要包括 8 项功能，具体如下。

（1）查看银行所拥有的账户，用户输入对应的账户文件名，即可查看该文件中的所有账户信息。

（2）添加新用户，可以往不同的文件中添加账户信息，如果是向空文件中添加账户信息，会给出提示，否则出现追加账户信息的界面，可以往文件末尾、文件指定位置和文件开头追加账户信息。

（3）用户交易操作，包括向指定文件中的指定账户存款和取款操作。

（4）修改用户信息，可以修改指定账户的信息。

（5）删除用户信息，可以删除指定账户的信息。

（6）查询用户信息，可以查询指定账户的信息。

（7）保存账户信息到磁盘文件中，添加用户、用户交易操作、修改用户信息、删除用户信息之后都应该保存新的账户信息到磁盘文件中。

（8）修改系统密码，系统登录密码存放在"银行系统登录文件.txt"中，可以修改该文件中的登录密码。

银行用户管理系统功能结构图如图 6-1 所示。

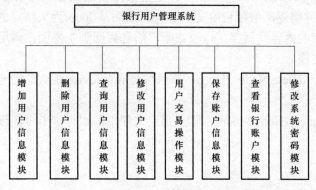

图 6-1 银行用户管理系统功能结构图

2. 关键代码分析

（1）void my_register_1()：该函数为主界面函数，包括需求分析中提到的 8 项功能，每执行完一项操作就回到主界面。

（2）void my_register_2()：该函数为添加账户信息界面，可以有 3 种方式向文件中追加账户信息。

（3）void my_register_3()：该函数为用户交易操作界面，包括存款和取款两项操作。

（4）全局变量结构体类型 Node，包括姓名、性别、年龄、身份证号，以及包含了银行卡号、存款金额、存储类型与存储时间（月）的结构体成员和指向下一个 Node 结构体类型的指针 next。整个程序采用链式存储方式。

（5）Node *my_read_file(int number)：该函数从指定的文件中读取用户数据，并存储在链式结构中，返回生成的链表头指针。

（6）void my_file(Node *loop)：在主函数中声明 Node 类型的变量 mid，作为该函数的参数，读取 mid 头结点的链表中的数据并存储到指定的文件中。

（7）void my_password()：该函数从文件"银行系统登录文件.txt"中读取系统登录密码，初始密码为"123456"，如果输入正确，则进入系统主界面。

（8）void my_amend_password()：该函数可以修改文件"银行系统登录文件.txt"中的系统登录密码，先输入旧密码，如果比对成功，则两次输入新密码，输入的新密码一致，则写入文件中。

（9）void my_view()：该函数首先调用 my_read_file 函数，并将返回值赋值给变量 loop，如果为空，则显示该文件中没有账户信息；否则，用 for 循环逐条显示 loop 链表中的账户信息。

（10）Node *created_user()：该函数首先调用 my_read_file 函数，并将返回值赋值给变量 phead，如果 phead 等于 NULL，则表明原文件中没有账户信息，创建账户信息并链接到 phead 链表中，返回头结点 phead；如果 phead 不等于 NULL，表明原文件中有账户信息，需要追加新的账户信息，输入要添加的账户的数量，调用 add_user 函数追加账户信息，并返回 tmp 指针（添加完账户信息后回到主界面，调用功能（7），保存新的账户信息到磁盘文件）。

（11）Node *my_revise(Node *loop)：该函数修改指定银行卡号的账户信息，首先调用 my_read_file 函数，并将返回值赋值给变量 loop，然后从 loop 为头结点的链表中查找指定的银行卡号，修改相应的内容并保存（修改完账户信息后回到主界面，调用功能（7），保存新的账户信息到磁盘文件）。

（12）Node *my_delete(Node *loop)：该函数与 my_revise 函数的功能类似，用户删除指定文件中的银行账号。

（13）void my_query(Node *loop)：输入指定文件中的银行卡卡号，该函数用于查询银行账户信息。

3. 源代码

```c
#include<stdio.h>
#include<string.h>
#include<stdlib.h>
#define N 30

struct storage{
    char Bank_number[N];//银行卡号
    int start_money;
    char save_sort[N];//存储类型
    int month;
};

typedef struct node{
    char name[N];
    char sex[N];
    int age;
    char ID_card[N];
    struct storage information;
    struct node *next;
}Node;

void my_password();
void my_register_1();
void my_register_2();
void my_register_3();
void my_view();
Node *created_user();
Node *my_revise(Node *loop);
Node *my_delete(Node *loop);
void my_query(Node *loop);
void my_file(Node *loop);
void my_amend_password();
Node *my_read_file(int number);
Node *add_user(Node *temp,int amount);
Node *my_trade(int large);
```

银行用户管理系统

```
int main()
{
    int figure;
    Node *mid=NULL;

    my_password();
    my_register_1();

    while (1)
    {

        if(scanf("%d",&figure)==1)
        {

        while(getchar()!='\n')
            continue;

        switch(figure)
        {
            case 1:my_view();break;

            case 2:mid=created_user();break;

            case 3:mid=my_trade(figure);break;

            case 4:mid=my_revise(mid);break;

            case 5:mid=my_delete(mid);break;

            case 6:my_query(mid);break;

            case 7:my_file(mid);break;

            case 8:my_amend_password();break;

            default:printf("退出系统! \n");exit(0);break;
        }

        }
```

```
        else
        {
            printf("输入有误！请重新登录系统！\n");
            exit (1);
        }


    }

    return 0;
}
void my_password()
{
    int flag=0;
    char Tpassword[N];
    char Ipassword[N];
    char *password;
    FILE *fp;

    fp=fopen("银行系统登录文件.txt","r+");
    if(fp==NULL)
    {
        printf("文件打开失败\n");
        exit (1);
    }

    password=Tpassword;

    fscanf(fp,"%s",password);

    printf("如要登录请先输入登录密码：\n");

    scanf("%s",Ipassword);

    while(getchar()!='\n')
        continue;

    while(flag==0)
    {
```

```
        if(strcmp(Ipassword,password)==0)
        {
            printf("\n 正确！\n");
            printf("按下任意键继续！\n");

            flag=1;
            getchar();
        }
        else
        {
            printf("错误！请再试一次！\n");
            scanf("%s",Ipassword);

            while(getchar()!='\n')
                continue;
        }
    }

    fclose(fp);
}
void my_register_1()
{
    printf("********************************************* ******\n\n\n");
    printf("欢迎登录银行用户管理系统\n\n\n");
    printf("***************************************************\n\n\n");
    printf("***********************************************************************
*******************************************\n\n\n");

    printf("登录界面\n\n\n");
    printf("1）查看银行所拥有的账户（文件名）2）创建账户信息（添加新用户）\n\n\n");
    printf("3）用户交易操作（存取款）4）修改用户信息\n\n\n");
    printf("5）用户信息删除 6)查询用户信息\n\n\n");
    printf("7）保存账户信息到磁盘文件中 8）修改系统密码\n\n\n");
    printf("9）退出系统 \n\n\n");
    printf("注意：新创建账户信息的文件名如果和系统中的一个文件名相同的话，则覆盖原有文件数据！
\n\n");
    printf("选项之外任意按键会退出系统！\n");
    printf("***********************************************************************
*******************************************\n\n\n");

    printf("请输入要操作的选项：\n");
```

```
}

void my_register_2()
{
    printf("****************************************************************
****************************************\n\n\n");
    printf("1）添加用户（默认位置） 2）添加用户（指定位置） 3）添加用户（起始位置）\n\n\n");
    printf("****************************************************************
****************************************\n\n\n");
    printf("请输入要操作的选项：\n");
}

void my_register_3()
{
    printf("****************************************************************
****************************************\n\n\n");
    printf("1）存钱 2）取钱\n\n\n");
    printf("****************************************************************
****************************************\n\n\n");
    printf("请输入要操作的选项：\n");
}
void my_view()
{
    Node * loop;
    int number=0;
    loop=my_read_file(number);

    if(loop==NULL)
    {
        printf("银行系统里面没有用户信息！\n");
        printf("请按下任意键返回到登录界面！先给账户文件中添加新用户！\n");

        while(getchar()!='\n')
            continue;

        getchar();
        my_register_1();
    }
    else
```

```c
    {
        printf("===============================================================
=====================================\n\n\n");
        printf("姓名\t性别\t年龄\t身份证号\t银行卡号\t存款金额\t存储类型\t存储时间(月)
\n\n\n");

        for(;loop!=NULL;loop=loop->next)
        {
            printf("%s\t%s\t%d\t%s\t\t%s\t\t%d\t%s\t\t%d\n\n\n",loop->name,
loop->sex,loop->age,loop->ID_card,\
                loop->information.Bank_number,loop->information.start_money,
loop->information.save_sort,loop->information.month);
        }

        printf("===============================================================
====================================\n\n\n");
        printf("用户资料显示成功！请按下任意键返回到登录界面！\n");

        while(getchar()!='\n')
            continue;

        getchar();
        my_register_1();
    }
}
Node *created_user()
{
    Node *p,*q,*phead=NULL,*tmp=NULL;
    int i;
    int number=1,people;
    phead=my_read_file(number);
    if(phead==NULL)
    {
        printf("银行里没有任何用户信息！\n");
        printf("请添加银行用户信息！\n");
        printf("请输入您要创建的用户数：\n");
        scanf("%d",&number);

        while(number<=0)
```

```
    {
        printf("请输入用户数大于 0！请再输入一次！\n");
        scanf("%d",&number);
    }


    if(number>0)
    {
        printf("请输入要创建用户的姓名、性别、年龄、身份证号、银行卡号、存款金额、存储类
型、存储时间（月）：\n");
        p=(Node *)malloc(sizeof(Node));
        if(p==NULL)
            exit (1);


        scanf("%s%s%d%s%s%d%s%d",p->name,p->sex,&p->age,p->ID_card,
p->information.Bank_number,&p->\
            information.start_money,p->information.save_sort,&p->
information.month);


        p->next=NULL;
        phead=p;


        for(i=0;i<number-1;i++)
        {
        q=(Node *)malloc(sizeof(Node));
        if(q==NULL)
            exit (1);


        scanf("%s%s%d%s%s%d%s%d",q->name,q->sex,&q->age,q->ID_card,
q->information.Bank_number,&q->\
            information.start_money,q->information.save_sort,
&q->information.month);


        q->next=NULL;
        p->next=q;
        p=q;
        }
    }
    printf("您成功地创建了%d 个用户的资料！\n\n",number);
```

```
        while(getchar()!='\n')
        continue;

        getchar();
        my_register_1();
        return phead;
    }
    else
    {
    printf("请输入要添加用户的个数:\n");

        scanf("%d",&people);

        while(people<=0)
        {
            printf("请输入的用户数大于 0! 请再输入一次! \n");
            scanf("%d",&people);
        }

        if(people>0)
        {
            tmp=add_user(phead,people);
        }
        printf("请按下任意键返回登录界面! \n");

    while(getchar()!='\n')
        continue;

    getchar();
    my_register_1();
    return tmp;
    }
}
Node *my_revise(Node *loop)
{
    char bank_number[N];
    Node *Phead;
    int number=0;
```

```
loop=my_read_file(number);
Phead=loop;
if(loop==NULL)
{
    printf("银行系统里面此时没有任何账户！\n");
    printf("请按下任意键返回登录界面！\n");

    getchar();
    my_register_1();
}


if(loop!=NULL)
{
    printf("请输入您要修改的账户信息的银行卡号：\n");

    scanf("%s",bank_number);

    while(strcmp(loop->information.Bank_number,bank_number)!=0)
    {
        loop=loop->next;
    }

    printf("请输入您现在要修改的账户信息！\n");
    printf("请输入要修改的用户的姓名、性别、年龄、身份证号、银行卡号、存款金额、存储类型、存储时间（月）：\n");

    scanf("%s%s%d%s%s%d%s%d",loop->name,loop->sex,&loop->age,loop->ID_card,
loop->information.Bank_number,\
        &loop->information.start_money,loop->information.save_sort,
&loop->information.month);

    printf("您成功地修改了用户的资料！\n\n");
    printf("请按下任意键返回登录界面！\n");

    while(getchar()!='\n')
        continue;

    getchar();
    my_register_1();
```

```c
    }
    return Phead;
}
Node *my_delete(Node *loop)
{
    char bank_number[N];
    int number=0;

    loop=my_read_file(number);

    Node *Phead,*pre;

    Phead=loop;
    pre=loop;

    if(loop==NULL)
    {
        printf("银行系统里面此时没有任何账户！\n");
        printf("请按下任意键返回登录界面！\n");

        while(getchar()!='\n')
            continue;

        getchar();

        my_register_1();
    }

    if(loop!=NULL)
    {
        printf("请输入您要删除的账户的银行卡号：\n");
        scanf("%s",bank_number);

        if(strcmp(Phead->information.Bank_number,bank_number)==0)
        {
            Phead=Phead->next;
        }
        else
        {
```

```
        while(strcmp(loop->information.Bank_number,bank_number)!=0)
        {
            pre=loop;
            loop=loop->next;
        }

        pre->next=loop->next;
    }

    printf("您成功地删除了指定的银行账户！\n");
    printf("请按下任意键返回到登录界面！\n");

    while(getchar()!='\n')
        continue;

    getchar();
    my_register_1();
    }
    return Phead;
}

void my_query(Node *loop)
{
    int number=0;

    loop=my_read_file(number);

    if(loop==NULL)
    {
        printf("银行系统里面此时没有任何账户！\n");
        printf("请按下任意键返回到登录界面！\n");
        getchar();
        my_register_1();
    }
    else
    {
        char bank_number[N];

        printf("请输入您要查询的账户的银行卡号：\n");
```

```
    scanf("%s",bank_number);

    while(loop!=NULL && strcmp(loop->information.Bank_number,bank_ number)!=0)
    {
        loop=loop->next;
    }

    if(loop!=NULL)
    {
        printf("您查询的账户信息如下：\n");

printf("================================================================
==============================\n\n\n");
        printf("姓名\t性别\t年龄\t身份证号\t银行卡号\t存款金额\t存储类型\t存储时间
（月）\n\n\n");
        printf("%s\t%s\t%d\t%s\t\t%s\t\t%d\t%s\t\t%d\n\n\n",loop->name,
loop->sex,loop->age,loop->ID_card,\
            loop->information.Bank_number,loop->information.start_money,
loop->information.save_sort,\
            loop->information.month);
        printf("================================================================
==========================\n\n\n");

        printf("请按下任意键返回到登录界面！");

        while(getchar()!='\n')
            continue;

        getchar();
        my_register_1();
    }
    else
    {
        printf("您输入的银行卡号在银行系统中没有对应的账户资料！\n");
        printf("请按下任意键返回到登录界面！\n");

        while(getchar()!='\n')
            continue;
```

```
            getchar();
            my_register_1();
        }
    }
}

void my_file(Node *loop)
{

    char fp_name[N];
    FILE *fp_save;
    printf("请输入您要保存的文件名：\n");

    scanf("%s",fp_name);

    fp_save=fopen(fp_name,"wt+");

    if(fp_save==NULL)
    {
        printf("文件创建或打开失败！\n");
        printf("请按下任意键返回到登录界面！\n");

        while(getchar()!='\n')
            continue;

        getchar();
        my_register_1();
    }

    else
    {
        if(loop==NULL)
        {
            printf("账户文件创建成功，但此时系统中没有可保存的用户资料！\n");
            printf("请按下任意键返回到登录界面！\n");

            while(getchar()!='\n')
                continue;
```

```
        getchar();
        my_register_1();
    }
    else
    {
        while(loop!=NULL)
        {
            fprintf(fp_save,"%s\t%s\t%d\t%s\t\t%s\t\t%d\t%s\t\t%d\n",
loop->name,loop->sex,loop->age,\
                    loop->ID_card,loop->information.Bank_number,loop->
information.start_money,\
                    loop->information.save_sort,loop->information.month);

            loop=loop->next;
        }
        printf("账户资料已成功保存到磁盘文件中!\n");
        printf("请按下任意键返回到登录界面!\n");

        while(getchar()!='\n')
            continue;

        getchar();
        my_register_1();
    }
    }
    fclose(fp_save);
}
void my_amend_password()
{
    FILE  *fp,*f;

    fp=fopen("银行系统登录文件","r");
    if(fp==NULL)
    {
        printf("文件打开失败!\n");
        exit(1);
    }
```

```c
char old_password_1[N];
char old_password_2[N];
char new_password_1[N];
char new_password_2[N];

printf("您现在准备进行银行系统密码修改操作：\n");
printf("请按下任意键进行确认！\n");

getchar();

fscanf(fp,"%s",old_password_1);

printf("请输入原密码：\n");

scanf("%s",old_password_2);

if(strcmp(old_password_1,old_password_2)!=0)
{
    printf("您输入的原密码错误，请按下任意键返回到登录界面！\n");

    while(getchar()!='\n')
        continue;

    getchar();
    my_register_1();
}
else
{
    f=fopen("银行系统登录文件","wt");

    if(f==NULL)
    {
        printf("文件打开失败！\n");
        exit（1）;
    }

    printf("您输入的原密码正确！请输入要修改的密码：\n");

    scanf("%s",new_password_1);
```

```
        printf("请再输入一次要修改的密码：\n");

        scanf("%s",new_password_2);

        while(strcmp(new_password_1,new_password_2)!=0)
        {
            printf("您输入的两次密码不相同，请重新开始输入一个新密码：\n");

            scanf("%s",new_password_1);

            printf("请再输入一次要修改的密码：\n");

            scanf("%s",new_password_2);
        }

        if(strcmp(new_password_1,new_password_2)==0)
        {
            fprintf(f,"%s",new_password_1);

            printf("您的密码修改成功，请按下任意键返回到登录界面！\n");

            while(getchar()!='\n')
                continue;

            getchar();
            my_register_1();
        }
    }

    fclose(fp);
}

Node *my_read_file(int number)
{
    FILE *fp;
    char file_name[N];
    Node *phead,*p,*q;
```

```
phead=(Node *)malloc(sizeof(Node));
if(phead==NULL)
    exit (1);

phead->next=NULL;
p=phead;

if(number==3)
    printf("请确认要添加的文件名：\n");
else
    printf("请输入要查找的文件名：\n");

scanf("%s",file_name);

fp=fopen(file_name,"r");

if(fp==NULL)
{
    printf("银行系统中没有这个账户文件！\n");
    printf("按下任意键退出系统！然后登录系统先新建账户文件！\n");

    while(getchar()!='\n')
        continue;

    getchar();
    exit (1);
}
else
{
    while(!feof(fp))
    {
        q=(Node *)malloc(sizeof(Node));
        if(q==NULL)
            exit (1);

        fscanf(fp,"%s\t%s\t%d\t%s\t%s\t%d\t%s\t%d\n",q->name,q->sex,
&q->age,q->ID_card,q->information.Bank_number,\
                &q->information.start_money,q->information.save_sort,
&q->information.month);
```

```
            p->next=q;
            p=q;
        }


        p->next=NULL;
        fclose(fp);
        return phead->next;
    }
}


Node *my_trade(int large)
{
    int number;//要进行的选项
    int people;//要添加的账户人数
    int Out_money;//取钱数
    int In_money;//存钱数
    char Bank_figure[N];//输入的银行卡号
    Node *tmp,*loop=NULL;
    FILE *fp;
    char fp_name[N];

    printf("请输入要添加的文件名：\n");
    scanf("%s",fp_name);

    fp=fopen(fp_name,"r");

    if(fp==NULL)
    {
        printf("系统中没有账户文件！请先新建账户文件！\n");
        printf("请按下任意键返回到登录界面！\n");

        while(getchar()!='\n')
            continue;

        getchar();
        my_register_1();
    }
    else
```

```
{
    int number=1;

    loop=my_read_file(large);

    if(loop==NULL)
    {
        printf("银行里没有任何用户信息！\n");
        printf("请添加银行账户信息！\n");
        printf("请按下任意键进行下一步！\n");

        while(getchar()!='\n')
            continue;

        getchar();
    }

    my_register_3();

    scanf("%d",&number);

    if(number==1)
    {

        tmp=loop;

        if(loop==NULL)
        {
            printf("此时银行账户文件中没有任何用户！\n");
            printf("请按下任意键返回到登录界面，先添加新用户！\n");

            while(getchar()!='\n')
                continue;

            getchar();
            my_register_1();
        }
        else
        {
```

```
            printf("请输入您的银行卡号：\n");
            scanf("%s",Bank_figure);

            if(loop!=NULL)
            {
                while(loop!=NULL&&strcmp(loop->information.Bank_number,
Bank_figure)!=0)
                {
                    loop=loop->next;
                }

                if(loop==NULL)
                {
                    printf("您输入的银行账户资料查找不到！\n");
                    printf("请按下任意键返回到登录界面！\n");

                    while(getchar()!='\n')
                        continue;

                    getchar();
                    my_register_1();
                }
                else
                {
                    printf("请输入您要存的钱数：\n");

                    while(scanf("%d",&In_money)!=1)
                    {
                        printf("您输入的数字有误！\n请重新输入！\n");
                        scanf("%d",&In_money);
                    }

                    loop->information.start_money=loop->information.start_
money+In_money;

                    printf("您已经成功存入%d 元，您的账户中有%d 元！\n",In_money,
loop->information.start_money);

                    printf("请按下任意键返回到登录界面！\n");
```

```
                    while(getchar()!='\n')
                        continue;

                    getchar();
                    my_register_1();
                    return tmp;
                }
            }
        }
    }


    if(number==2)
    {
        tmp=loop;

        if(loop==NULL)
        {
            printf("此时银行账户文件中没有任何用户！\n");
            printf("请按下任意键返回到登录界面，先添加新用户！\n");

            while(getchar()!='\n')
                continue;

            getchar();
            my_register_1();
        }
        else
        {
            printf("请输入您的银行卡号：\n");
            scanf("%s",Bank_figure);

            if(loop!=NULL)
            {
                while(loop!=NULL&&strcmp(loop->information.Bank_number,Bank_
figure)!=0)
                {
                    loop=loop->next;
```

```
            }

        if(loop==NULL)
        {
            printf("您输入的银行账户资料查找不到！\n");
            printf("请按下任意键返回到登录界面！\n");

            while(getchar()!='\n')
                continue;

            getchar();
            my_register_1();
        }
        else
        {
            printf("请输入您要取的钱数：\n");

            while(scanf("%d",&Out_money)!=1)
            {
                printf("您输入的数字有误！\n请重新输入！\n");
                scanf("%d",&Out_money);
            }

            loop->information.start_money=loop->information.start_
money-Out_money;

            printf("您已经成功取出%d 元，您的账户中还剩下%d 元！\n",Out_money,
loop->information.start_money);

            printf("请按下任意键返回到登录界面！\n");

            while(getchar()!='\n')
                continue;

            getchar();
            my_register_1();
            return tmp;
        }
            }
```

```
        }
      }
    }
}


Node *add_user(Node *temp,int amount)
{
    int figure;
    char bank_number[N];

    my_register_2();

    scanf("%d",&figure);

    Node *p,*q,*phead=NULL;
    int i;

    p=(Node *)malloc(sizeof(Node));
    if(p==NULL)
        exit（1）;

    printf("请输入要添加用户的姓名、性别、年龄、身份证号、银行卡号、存款金额、存储类型、存储
时间（月）: \n");
    scanf("%s%s%d%s%s%d%s%d",p->name,p->sex,&p->age,p->ID_card,p->information.
Bank_number,&p->information.start_money\
        ,p->information.save_sort,&p->information.month);

    phead=p;

    for(i=0;i<amount-1;i++)
    {
        q=(Node *)malloc(sizeof(Node));
        if(p==NULL)
            exit(1);

        scanf("%s%s%d%s%s%d%s%d",q->name,q->sex,&q->age,q->ID_card,
q->information.Bank_number,&q->information.start_money\
        ,q->information.save_sort,&q->information.month);
```

```
        q->next=NULL;
        p->next=q;
        p=q;
    }


    Node *pre,*Phead;

    if(figure==1)
    {
        pre=temp;
        Phead=pre;

        while(temp!=NULL)
        {
            pre=temp;
            temp=temp->next;
        }

        pre->next=phead;
    }


if(figure==2)
{
    Phead=temp;

    printf("您将要把这些用户添加到您指定的位置后面！\n");
    printf("请输入您要指定的位置（指定位置上前一个用户的银行卡号）：\n");

    scanf("%s",bank_number);

    while(strcmp(bank_number,temp->information.Bank_number)!=0)
    {
        temp=temp->next;
    }

    p->next=temp->next;
    temp->next=phead;
}
```

```
if(figure==3)
{
    p->next=temp;
    Phead=phead;
}


printf("您成功地添加了%d个用户的资料！\n\n",amount);
printf("请按下任意键返回到登录界面！\n");

while(getchar()!='\n')
    continue;

getchar();
my_register_1();
return Phead;
}
```

第七章 <<<

EGE 简介

EGE，全称 easy graphics engine（简易图形引擎），是 Windows 下的简易图形库［类似 BGI（graphics.h）的面向 C/C++ 语言新手的图形库］。对新手来说，它简单、友好，容易上手，免费开源，而且接口意义直观，即使是完全没有接触过图形编程的，也能迅速学会基本的绘图。目前，EGE 图形库支持安装在 VC6、VC2008、VC2010、VS2012、VS2013、VS2015、VS2017、VS2019、C-Free、DevCpp、Code::Blocks、wxDev、Eclipse for C/C++、Visual Studio Code 等 IDE 上，对使用 MinGW 为编译环境的 IDE 也给予支持。EGE 是一个 C++图形库，编写的源文件需要 .cpp 后缀，因为 C++兼容 C，所以用 C 语言的语法编写的程序基本上可以运行。

EGE 属于第三方图形库，编译器上并没有内置这个库，所以使用前需要先从官网上下载安装包，安装配置好后方可使用。

一、EGE 安装与配置

1. EGE 官网下载地址

EGE 官网下载地址为 https://xege.org/install_and_config，单击图 7-1 方框内的链接。

图 7-1　EGE 下载链接

2. Code::Blocks 下载链接地址

20.03 版本的下载地址为 http://www.codeblocks.org/downloads/26，单击图 7-2 方框内的链接，注意一定要选择 MinGW 版本。

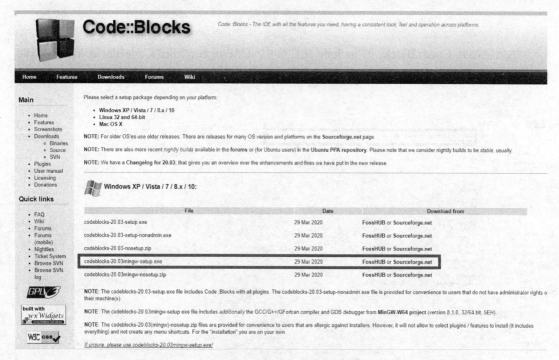

图 7-2　CodeBlocks 下载地址

3. 安装 EGE

安装好 Code::Blocks 之后，找到 Code::Blocks 的安装目录，如本书的安装路径为 C:\Program Files\CodeBlocks。在桌面的快捷方式上右击，选择打开文件所在位置，进入 MinGW 文件夹，找到里面的 include 和 lib 文件夹。

打开 EGE 安装包文件 ege20.08_all，看到有 include 和 lib 头文件的放置，如图 7-3 所示。

图 7-3　EGE 安装包文件

这时把 EGE 安装包 include 目录中的文件复制，即图 7-4 标注的文件夹和文件（共 3 个）。

图 7-4 文件复制

然后粘贴到 Code::Blocks 的 include 文件夹中（C:\Program Files\CodeBlocks\MinGW\x86_64-w64-mingw32\include），如图 7-5 所示。

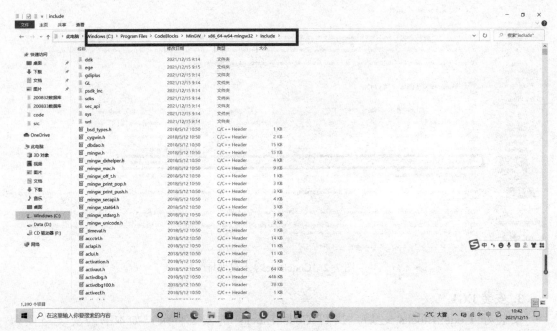

图 7-5 粘贴文件

lib 文件的放置。打开 ege20.08_all\EGE20.08\lib\codeblocks20.03，将图 7-6 方框地址中的 libgraphics64.a 文件复制。

图 7-6 libgraphics64.a 文件复制

将复制的文件粘贴到 Code::Blocks 安装目录的 lib 目录中（见图 7-7），路径为 C:\Program Files\ CodeBlocks\ MinGW\x86_64-w64-mingw32\lib。

图 7-7　lib 目录

4. 链接参数配置

新建 CodeBlocks 工程，选择 Console application，如图 7-8 所示。

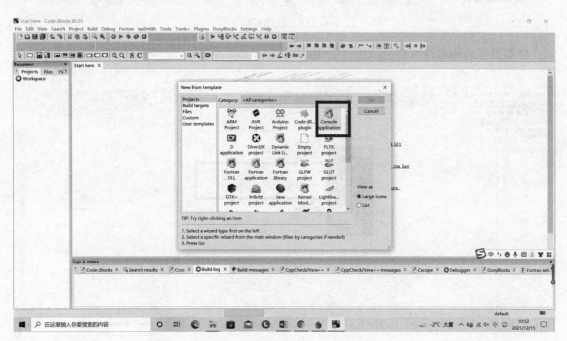

图 7-8　选择 Console application

选择 C++，单击 Next 按钮，如图 7-9 所示。

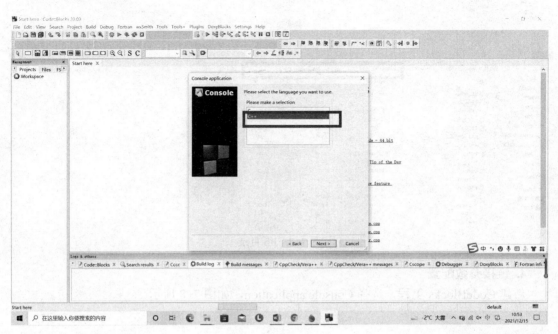

图 7-9　选择 C++

填写工程名称和存储路径，如图 7-10 所示。

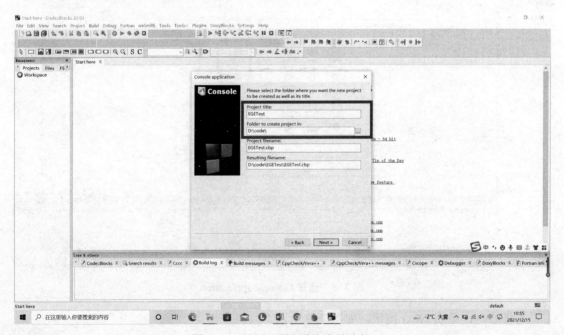

图 7-10　填写工程名称和存储路径

新建好后，便可设置工程，配置链接参数。

选择菜单 Project | Build options 命令，如图 7-11 所示。

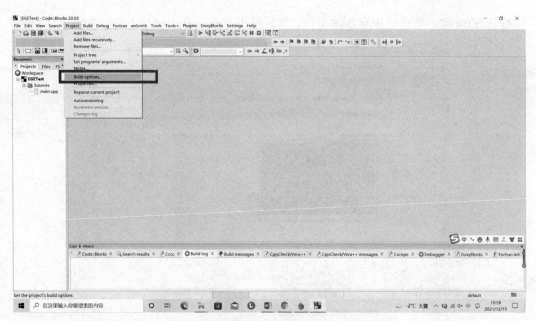

图 7-11　Build options 命令

选择 Linker settings，单击 Add 按钮，如图 7-12 所示。

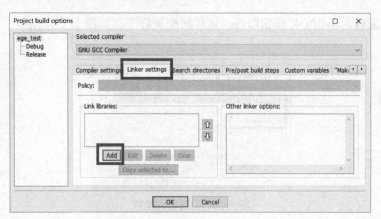

图 7-12　选择 Linker settings

弹出 Add library 对话框，要开始添加链接库了，如图 7-13 所示。

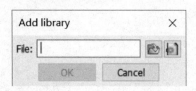

图 7-13　添加链接库

将下面 9 个文件复制、粘贴到图 7-13 的 File 输入框中，单击 OK 按钮。

libgraphics64.a; libgdi32.a; libimm32.a; libmsimg32.a; libole32.a; liboleaut32.a; libwinmm.a; libuuid.a; libgdiplus.a。

按住 Shift 键，单击选中全部的文件，然后单击 Copy selected to 按钮，如图 7-14 所示。

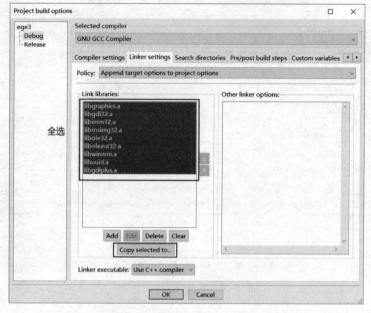

图 7-14　复制文件并单击 Copy selected to 按钮

勾选全部配置，单击 OK 按钮即可，这样就配置好了，如图 7-15 所示。

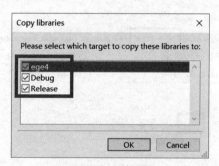

图 7-15　勾选全部配置

链接库配置已经完成，以后每次新建一个工程，都要重新设置一次链接库。单击 main.cpp，输入以下代码：

```c
#include <graphics.h>
#include <time.h>
#include <math.h>


void paintstar(double x, double y, double r, double a)
{
    int pt[10];
    for (int n = 0; n < 5; ++n)
    {
```

```
        pt[n*2] = (int)( -cos( PI * 4 / 5 * n + a ) * r + x ); //各顶点横坐标
        pt[n*2+1] = (int)( sin( PI * 4 / 5 * n + a ) * r + y ); //各顶点纵坐标
    }
    fillpoly(5, pt); //画空五角星
}


int main()
{
    initgraph( 640, 480 );
    setcolor( RGB(0xff, 0xff, 0xff) );
    setfillcolor( RGB(0, 0, 0xff) );
    setrendermode(RENDER_MANUAL);
    double r = 0;
    for ( ; is_run(); delay_fps(60) )
    {
        r += 0.02;
        if (r > PI * 2) r -= PI * 2;
        cleardevice();
        paintstar(300, 200, 100, r);
    }
    return 0;
}
```

运行结果如图 7-16 所示。

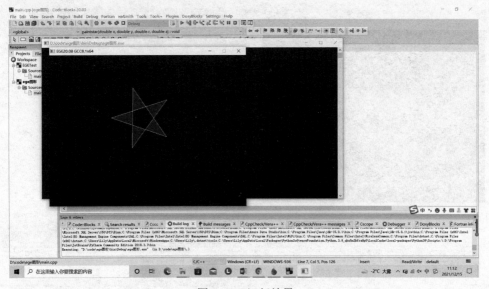

图 7-16　运行结果

为了去掉控制台窗口，可以选择 Project|Properties 命令，选择 Build targets 选项卡，如图 7-17 所示。

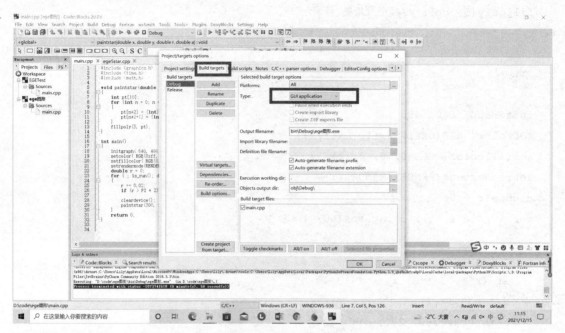

图 7-17　选择 Build targets 选项卡

运行结果如图 7-18 所示，只剩下一个图形窗口了。

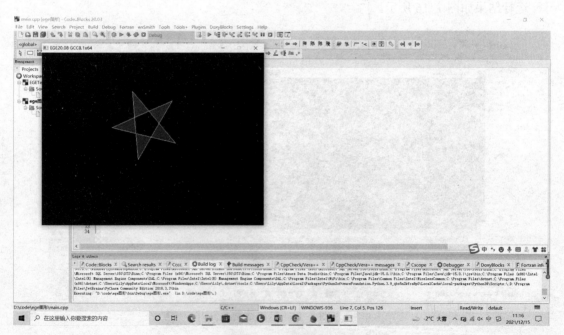

图 7-18　运行结果

二、EGE 介绍

1. 一个简单的 EGE 程序

```
#include <graphics.h>            //包含 EGE 头文件

int main()
{

initgraph(640, 480);          //初始化图形窗口，即创建一个宽为 640，高为 480 的窗口
setcolor(EGERGB(0xFF, 0x0, 0x0));         //设置绘画颜色为绿色
setbkcolor(WHITE);            //设置背景颜色为白色

circle(320, 240, 100);          //在坐标(320，240)处画个半径 100 的圆
getch();              //暂停，等待按键输入
closegraph();            //关闭图形窗口
return 0;
}
```

运行结果如图 7-19 所示。

图 7-19 运行结果

（1）颜色定义。EGERGB 是个宏定义，将 3 个参数转成 RGB 颜色值，可以通过修改 3

个数字，得到不同的颜色。setcolor() 函数是设置绘画的前景色。setbkcolor() 函数是设置背景颜色，它的参数也是颜色值，为什么直接就是 WHITE（白色）呢？因为 EGE 已经定义了一些常用的颜色，如这个白色 WHITE，就等于 EGERGB(0xFC, 0xFC, 0xFC)。很明显，如果直接看这 3 个数字的话，没有直观表示是什么颜色，通过定义 WHITE 来代替，达到输入简单而直观表示的作用。

类似于 WHITE，EGE 还定义有一些其他常用的颜色，可以直接用。常用颜色与 RGB 颜色值的对应见表 7-1。

表 7–1 常用颜色与 RGB 颜色值的对应

颜色（英文）	RGB 值	颜色（中文）
BLACK	0	黑色
BLUE	EGERGB(0, 0, 0xA8)	蓝色
GREEN	EGERGB(0, 0xA8, 0)	绿色
CYAN	EGERGB(0, 0xA8, 0xA8)	青色
RED	EGERGB(0xA8, 0, 0)	红色
MAGENTA	EGERGB(0xA8, 0, 0xA8)	品红色
BROWN	EGERGB(0xA8, 0xA8, 0)	棕色
LIGHTGRAY	EGERGB(0xA8, 0xA8, 0xA8)	浅灰
DARKGRAY	EGERGB(0x54, 0x54, 0x54)	暗灰
LIGHTBLUE	EGERGB(0x54, 0x54, 0xFC)	浅蓝
LIGHTGREEN	EGERGB(0x54, 0xFC, 0x54)	浅绿
LIGHTCYAN	EGERGB(0x54, 0xFC, 0xFC)	浅青
LIGHTRED	EGERGB(0xFC, 0x54, 0x54)	浅红
LIGHTMAGENTA	EGERGB(0xFC, 0x54, 0xFC)	浅品红
YELLOW	EGERGB(0xFC, 0xFC, 0x54)	黄色
WHITE	EGERGB(0xFC, 0xFC, 0xFC)	白色

（2）circle()函数。绘制一个圆函数，如 circle(320,240,100)，表示以坐标(320, 240)为圆心，绘制一个半径为 100 的空心圆。函数原型如下：

```
void circle(int x, int y, int radius);
```

（3）getch()函数。暂停等待用户按键，当用户按下按键后才继续往下执行。否则绘图后继续执行 closegrah()，将直接关闭图形窗口，如果去掉 getch()，窗口一闪而过。

2. EGE 库函数

EGE 常用库函数都有哪些？这些库函数怎么用？下面介绍部分函数，其他函数可以查看 EGE 头文件 ege.h。

（1）绘图环境常用函数。

① setcaption()函数。设置窗口标题，例如：

```
setcaption("一个简单的程序");        //将窗口标题设置为"一个简单的程序"
```

② cleardevice()函数。清除屏幕，用当前背景色清除屏幕。

③ isrun()函数。该函数用于判断窗口环境是否还存在。返回 true 表示窗口环境还存在，返回 false 表示窗口环境不存在。

（2）绘制图形常用函数。

① 直线函数 line(x1, y1, x2, y2)。其中，(x1,y1)为起始点坐标，（x2,y2）为结束点坐标，但实际情况是，只能画到从点(x1,y1)到点（x2-1, y2-1），而不是点（x2,y2）。在以后的画图函数中也遵循同样的规定。例如：

```
setcolor(GREEN);           //设置画图前景色，GREEN 是颜色常数
line(100, 100, 500, 200);  //画一条绿色直线，从(100,100)到(499,199)
```

② 空心圆函数 circle(x,y,r)。其中，(x,y)为圆心，r 为所画的圆的半径。例如：

```
circle(320,240,100);      //以坐标(320,240)为圆心，画半径为 100 的空心圆
```

③ 实心圆（椭圆）函数 fillellipse(x1, y1,x2, y2)。(x1,y1)为圆心，x2 为横轴方向的半径，y2 为纵轴方向的半径，当 x2=y2 的时候，画出来的就是圆，当 x2≠y2 的时候，画出来的就是椭圆。例如：

```
fillellipse(300, 350, 50, 50);     //以坐标(300,350)为圆心，画半径为 50 的实心圆
```

④ 空心矩形 rectangle（left, top, right, bottom）。其中，left 表示矩形左部 x 坐标，top 表示矩形上部 y 坐标，right 表示矩形右部 x 坐标，实际右边界为 right-1，bottom 表示矩形下部 y 坐标，实际下边界为 bottom-1。例如：

```
rectangle(100, 100, 300,300);                //画一个空心矩形
```

⑤ 实心无边框矩形 bar（left, top, right, bottom）。其中，left 表示矩形左部 x 坐标，top 表示矩形上部 y 坐标，right 表示矩形右部 x 坐标，实际右边界为 right-1，bottom 表示矩形下部 y 坐标，实际下边界为 bottom-1。例如：

```
bar(310, 310, 400, 400);                     //画一个实心矩形
```

⑥ 还有一些其他的函数，可以增加编程的灵活性，例如：

```
setlinewidth(x); //设置线宽，x 的单位为像素，可以画较宽的线条
int getwidth(); //获取当前窗口的宽度
int getheight(); //获取当前窗口的高度
int getx(); //获取当前 x 坐标
int gety(); //获取当前 y 坐标
```

（3）文字输出常用函数。

① Outtext(s)函数。该函数用于在当前位置输出字符串，其中 s 表示字符串，也可以是单个字符，例如：

```
char s[] = "Hello World";
outtext(s);        // 输出字符串


char c = 'A';
outtext(c);        // 输出字符
```

```
char s[5];
sprintf(s, "%d", 1024); // 输出数值，先将数字格式化输出为字符串
outtext(s);
```

② outtextxy(x,y,s)函数。该函数用于在指定位置输出字符串，其中，x 表示字符串输出时头字母的 x 轴的坐标值，y 表示字符串输出时头字母的 y 轴的坐标值，s 表示要输出的字符串的指针。例如：

```
char s[] = "Hello World";
outtextxy(10, 20, s);  //输出字符串

char c = 'A';
outtextxy(10, 40, c); // 输出字符

char s[5];
sprintf(s, "%d", 1024); // 输出数值，先将数字格式化输出为字符串
outtextxy(10, 60, s);
```

（4）图像处理常用函数。

① PIMAGE。用来保存图像的指针。

② newimage(w,h)。创建图像，并返回图像的指针 PIMAGE，其中 w 表示图像的宽度，h 表示图像的高度，如果参数为空，创建大小为 1×1 的图像。

③ delimage(pimg)函数。销毁图像，其中 pimg 是所要销毁的图像的指针，该函数无返回值。

④ getimage()函数。该函数有 4 个重载函数，可以从屏幕、文件、资源、IMAGE 对象中获取图像。

⑤ putimage()函数。该函数用于在屏幕上或者一个图像上绘制指定图像，例如：

```
PIMAGE img = newimage();         //创建图像
if (getimage(img, "D:\\test.jpg")!= grOk) {//getimage()从 D 盘获取图像文件
                              //如果读取图像文件失败，退出
    exit(-1);
}
putimage(0, 0, img);          //在屏幕上坐标为(0,0)的位置绘制加载的图像
delimage(img);       //销毁图像


PIMAGE img = newimage();
getimage(img, 0, 0, 100, 100);  //获取以(0,0)为中心，起始长、宽各为 100 像素的图像
putimage(200, 200, img);       //将获取的图像绘制在坐标(200,200) 位置:
delimage(img);         //销毁图像
```

（5）键盘鼠标输入常用函数。

① getch()函数。该函数用于获取键盘字符输入，如果当前没有输入，则等待。

② getkey()函数。该函数用于获取键盘消息，如果当前没有消息，则等待。

③ kbhit()函数。如果存在键盘字符输入，返回 1；否则返回 0。一般与 getch()函数搭配使用。

④ kbmsg()函数。该函数用于检测当前是否有键盘消息，一般与 getkey 搭配使用。

（6）常用时间函数。

① delay(Milliseconds)函数。至少延迟以毫秒为单位的时间，不具有刷新窗口的功能。其中，Milliseconds 要延迟的时间，以毫秒为单位。

② delay_ms(Milliseconds)函数。平均延迟以毫秒为单位的时间，具有刷新窗口的功能。可以使用 delay_ms(0)只刷新不延迟，并且会判断是否有刷新的需要。其中，Milliseconds 要延迟的时间，以毫秒为单位。

（7）常用随机函数。

① random(n)函数。该函数用于生成某范围内的随机整数，其中参数 n 表示返回 0 至 n-1 之间的整数，如果 n 为 0，则返回 0 - 0xFFFFFFFF 的整数。

② randomf()函数。这个函数用于生成 0～1 范围内的随机浮点数，0.0 可能取得到，1.0 一定取不到。

③ randomize()函数。该函数用于初始化随机数序列，如果不调用该函数，那么 random 返回的序列将会是确定不变的。

本书只是列举了一些常用的函数，更详细的库函数目录，请参考官方文档（https://xege.org/manual/api/index.htm）。

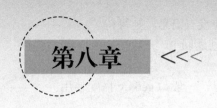

第八章 <<<

扫 雷 游 戏

1. 需求分析

（1）扫雷尺寸为 15×15 个方格，每个方格尺寸为 50×50 像素。

（2）在游戏初始化时，随机布置 15 个地雷。

（3）当单击任意方格时，游戏开始。

（4）单击为翻开方格，翻开为雷则游戏失败，显示整个区域雷的分布情况；翻开为空白，如果有相连的空白区域，全部显示出来，否则显示其周围 8 个方格地雷的数量（1～8）。

（5）右击标记为旗帜，表明猜测此处为雷。

（6）没有翻开雷，并且翻开的方格数量为 15×15-15 时，游戏结束，显示"You win！"。

扫雷游戏流程图如图 8-1 所示。

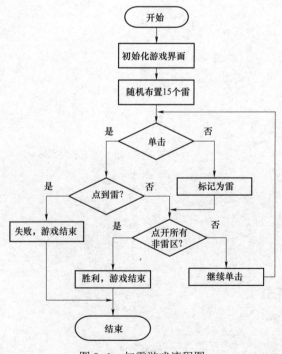

图 8-1　扫雷游戏流程图

2. 关键代码分析

（1）图片设置。每个图片都设置为和方格相同的像素大小 50×50，首先用 PIMAGE 定义图片数组，其中 0～8 表示空白方格和周围有 1～8 个雷的方格，9 表示未爆炸的雷（本程序未使用），10 表示初始化界面时的方格，为凸起状，表示游戏未开始状态，11 表示旗帜，是右击时显示的标志，12 表示问号，为不确定方格状态的标志（本程序未使用），13 为爆炸后的雷，一旦翻开雷，立刻呈现所有的雷都爆炸后的状态。

使用 getimage()函数加载图片，注意加载图片时给出正确的图片地址属性，可以是相对地址，也可以是绝对地址；使用 putimage()函数放置图片。

（2）随机布置雷。使用变量 NUM 表示要设置的雷的个数，预定义为 15 个，定义变量 n，初始值为 0，每生成一个雷，n 的值加 1，直到设置够 NUM 个为止。

（3）翻开连续的空白区域。openZero(int ,int)函数使用了递归的方式处理空白方格的连续翻开问题，特别注意的是在此函数中使用了二维数组 flag，用来标记空白块是否被访问过，如果被访问过，在递归访问空白方块周围的空白方块时会跳过该方块，否则程序会重复访问已经访问过的空白方块，进入无限循环。

（4）获取鼠标消息。首先用 mouse_msg 类定义一个 msg 对象，然后用 mousemsg()函数判断是否有鼠标消息，当有鼠标消息时循环，并使用 getmouse()函数获取鼠标消息，当按下左键，即 msg.is_down()&&msg.is_left()时，检测相应的坐标并执行相应的操作；同理，当按下鼠标右键，即 msg.is_down()&&msg.is_right()时，检测相应的坐标并标记为旗帜。

3. 源代码

```
#include <time.h>
#include <graphics.h>   //图形库


#define ROW 15      //行
#define COL 15      //列
#define NUM 15       //雷的个数
#define SIZE 50      //图片大小
```

扫雷游戏

```
int blank=0;     //点开空白的个数，ROW*COL-NUM==blank 即获胜
int mp[ROW+2][COL+2];    //定义游戏区
int flag[ROW+2][COL+2]={0};//定义游戏区标志，标记空白块是否被访问过
PIMAGE img[14];      //定义图片
void imgInit()//初始化图片
{
    int i;
```

```c
    for(i=0;i<=13;i++)
    {
        img[i]=newimage();

    }
    getimage(img[0],"D:\\code\\ege 图形\\images\\0.jpg",50,50);
    getimage(img[1],"D:\\code\\ege 图形\\images\\1.jpg",50,50);
    getimage(img[2],"D:\\code\\ege 图形\\images\\2.jpg",50,50);
    getimage(img[3],"D:\\code\\ege 图形\\images\\3.jpg",50,50);
    getimage(img[4],"D:\\code\\ege 图形\\images\\4.jpg",50,50);
    getimage(img[5],"D:\\code\\ege 图形\\images\\5.jpg",50,50);
    getimage(img[6],"D:\\code\\ege 图形\\images\\6.jpg",50,50);
    getimage(img[7],"D:\\code\\ege 图形\\images\\7.jpg",50,50);
    getimage(img[8],"D:\\code\\ege 图形\\images\\8.jpg",50,50);
    getimage(img[9],"D:\\code\\ege 图形\\images\\9.jpg",50,50);
    getimage(img[10],"D:\\code\\ege 图形\\images\\10.jpg",50,50);
    getimage(img[11],"D:\\code\\ege 图形\\images\\11.jpg",50,50);
    getimage(img[12],"D:\\code\\ege 图形\\images\\12.jpg",50,50);
    getimage(img[13],"D:\\code\\ege 图形\\images\\13.jpg",50,50);
}


void mapInit()//初始化游戏界面
{
    for(int i=0;i<ROW+1;i++)
        for(int j=0;j<COL+1;j++)
            putimage((i-1)*SIZE,(j-1)*SIZE,img[10]);


}
void mapLast()//点到雷后，显示的游戏界面
{


    for(int i=0;i<ROW+1;i++)
        for(int j=0;j<COL+1;j++)
            if(mp[i+1][j+1]==-1)
                putimage(i*SIZE,j*SIZE,img[13]);
            else
                putimage(i*SIZE,j*SIZE,img[mp[i+1][j+1]]);

}
void gameInit()//初始化数组、布置雷并计算每个小方格周围有几个雷
```

```
{

    srand((unsigned int)time(NULL));    //随机数播种
int n=0;

for(int i=0;i<ROW+2;i++)//初始化数组
{
      for(int j=0;j<COL+2;j++)
{
          mp[i][j]=0;
      }
  }

  for(int i=0;n<NUM;i++)//布置 NUM 个雷
{
      int r=rand()%ROW+1;    //可布置雷的行范围为 1~ROW
      int c=rand()%COL+1;    //可布置雷的列范围为 1~COL
      if(mp[r][c]==0)
      {mp[r][c]=-1;n++;}
}

  for(int i=1;i<ROW+1;i++){        //计算游戏区每个小方格所在的九宫格有几个雷
      for(int j=1;j<COL+1;j++){
          if(mp[i][j]==0){
              for(int m=i-1;m<=i+1;m++){
                  for(int n=j-1;n<=j+1;n++){
                      if(mp[m][n]==-1){
                          mp[i][j]++;
                      }
                  }
              }
          }
      }
  }

}
```

```c
void openZero(int r,int c)//用递归的方法打开连续的空白区域
{
    blank++;
    putimage((r-1)*SIZE,(c-1)*SIZE,img[0]);
    flag[r][c]=1;//表明已经访问过
    for(int m=r-1;m<=r+1;m++)
    {
        for(int n=c-1;n<=c+1;n++)
        {
            if(m>=1&&m<=ROW&&n>=1&&n<=COL)//确保位于游戏区
            {
                if(mp[m][n]==0&&flag[m][n]==0) openZero(m,n);

            }
        }
    }

}


//游戏开始

int playGame()
{    //玩游戏

    mouse_msg msg={0};//定义一个鼠标消息
    int r,c;      //定义鼠标的行和列
    while(1)
    {
        while(mousemsg())
        {

            msg=getmouse();  //获取鼠标消息

            if(msg.is_down()&&msg.is_left())//左键按下：翻开图片
            {
                r=msg.x/SIZE+1;
                c=msg.y/SIZE+1;
                switch(mp[r][c])
                {
```

```
            case 0: openZero(r,c); break;  //翻开是 0
            case -1: break;//点到雷
            default:
                    blank++;
                  putimage((r-1)*SIZE,(c-1)*SIZE,img[mp[r][c]]);


            }
            return mp[r][c];


        }
        if(msg.is_down()&&msg.is_right())
        {       //右键按下：标记一个雷
        r=msg.x/SIZE;
        c=msg.y/SIZE;
        putimage(r*SIZE,c*SIZE,img[11]);
        return 11;
        }
    }
    }
}



int main(){
    int i;
    initgraph(ROW*SIZE,COL*SIZE);      //初始化界面

    setcaption("扫雷游戏");//设置窗口标题
    imgInit();
    mapInit();
    gameInit();
    for ( ; is_run(); delay_fps(60) )
    {

    i=playGame();
    if (i==-1) {mapLast();break;}//点到雷，游戏结束

    if(blank==ROW*COL-NUM)
```

```
        outtextxy(200,300,"You win!");//点开所有非雷区，胜利！


    }
    getch();
    closegraph();
    return 0;
}
```

第九章 <<<

推箱子游戏

1. 需求分析

推箱子游戏共设置了 6 关，从易到难，攻克完一关才可以进入下一关，全部完成显示"恭喜通关"。

通过 "a" "s" "d" "w" 键或者 "↑" "↓" "←" "→" 键移动游戏中的小人。

遇到墙不能前进。

小人一次只能推动一个箱子。

小人推动所有箱子到标记的位置，就进入下一关。

2. 关键代码分析

（1）确定小人的位置，通过 findPeople() 函数实现，定义全局变量 i、j 用来寻找小人的坐标位置。因为是循环嵌套，两次判断 map[i][j] == PEOPLE，跳出循环，得到 i、j 的值。

（2）计算总步数，定义全局变量 stepNumber，通过判断各种不同的情况，只要小人向前移动，stepNumber 加 1。

（3）选择不同的关卡，通过 changeMap() 函数来实现，将文本文件中设定好的地图读入二维数组 map 中，如第六关（难度级别最低）文件 6.txt 中的内容是：

0 0 0 0 0 0 0 0 0 0 0 0 0

0 0 0 0 0 0 0 0 0 0 0 0 0

0 0 0 0 4 4 4 0 0 0 0 0 0

0 0 0 0 4 3 4 0 0 0 0 0 0

0 0 0 0 4 0 4 4 4 4 0 0 0

0 0 4 4 4 2 0 2 3 4 0 0 0

0 0 4 3 0 2 1 4 4 4 0 0 0

0 0 4 4 4 4 2 4 0 0 0 0 0

0 0 0 0 0 4 3 4 0 0 0 0 0

0 0 0 0 0 4 4 4 0 0 0 0 0

其中，1 代表小人 PEOPLE，2 代表箱子 BOX，3 代表终点 TERMINI，4 代表墙 WALL。

（4）判断行动方向，定义二维数组 change[4][2] = {{-1,0},{1,0},{0,-1},{0,1}}，向左小人横坐标 i-1，向右小人横坐标 i+1，向前小人纵坐标 j+1，向后小人纵坐标 j-1。行动之后对 map 做以下处理，分为以下 4 种情况。

① 如果小人行动之后的位置是 ROAD，那么就把该位置设置为 PEOPLE。

② 如果小人行动之后的位置是 TERMINI，那么就把该位置设置为 PEOPLE。

③ 如果小人行动之后的位置是 BOX，那么就看该位置前方是否为路，如果是路，就把箱子向前推一个位置，把该位置设置为 PEOPLE，如果该位置前方为终点 TERMINI，就把前方位置设置为 FINISH，行动之后的位置设置为 PEOPLE。

④ 如果小人行动之后的位置是 FINISH，该位置的前方是 ROAD，就将前方位置设置为 BOX，行动之后的位置设置为 PEOPLE，如果该位置的前方是 TERMINI，就将前方位置设置为 FINISH，行动之后的位置设置为 PEOPLE。

推箱子游戏流程图如图 9-1 所示。

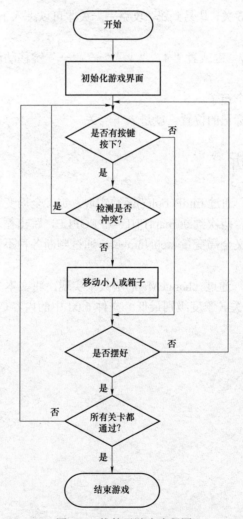

图 9-1　推箱子游戏流程图

3. 源代码

推箱子游戏

```c
#include <graphics.h>
#include <stdio.h>

int i, j;//全局变量，用来找小人的位置
int stepNumber;//全局变量，用来计算总步数

int map[10][12];

#define ROAD 0
#define PEOPLE 1
#define BOX 2
#define TERMINI 3
#define WALL 4
#define FINISH 5

// people and termini

void findPeople();

void printMap();

bool isFinished();

void pressKey();

void changeMap(char level);

void printStepNumber();

int main()
{
    initgraph(400, 300);

    setcaption("推箱子");

    for (int a = 6; a >=1; a--)
```

```
    {
        changeMap(a + '0');

        while (1)
        {
            printMap();

            printStepNumber();

            findPeople();

            pressKey();

            cleardevice();

            if(isFinished() == true)
            {
                break;
            }
        }
    }

    setcolor(EGERGB(0x0, 0xFF, 0x0));
    setfontbkcolor(EGERGB(0x80, 0x00, 0x80));
    setfont(25, 0, "宋体");
    outtextxy(120, 150, "恭喜通关");

    getch();

    closegraph();

    return 0;
}

void changeMap(char level)
{
    //重置地图步数
    stepNumber = 0;
```

```
    char mapPath[10];

    sprintf(mapPath, "%c.txt", level);
    FILE* fp=fopen(mapPath,"r");

    for(i = 0; i < 10; i++)
    {
        for(j = 0; j < 12; j++)
        {
            fscanf(fp,"%d",&map[i][j]);
        }
    }
    fclose(fp);
    return ;
}


void printStepNumber()
{
    char textContent[10];
    sprintf(textContent, "%d步", stepNumber);

    setcolor(EGERGB(0x0, 0xFF, 0x0));
    setfont(12, 0, "宋体");
    outtextxy(375, 150, textContent);

}

void printMap()
{
    int i, j;

    PIMAGE img = newimage();

    getimage(img, "a.jpg");

    for (i = 0; i < 10; i++)
    {
        for (j = 0; j < 12; j++)
```

```c
        {
            switch(map[i][j]) {
            case 0:
                bar(j*30, i*30, j*30+30, i*30+30);
                break;

            case PEOPLE:
                putimage(j*30, i*30, 30, 30, img, 30, 0);
                break;

            case BOX:
                putimage(j*30, i*30, 30, 30, img, 60, 0);
                break;

            case TERMINI:
                putimage(j*30, i*30, 30, 30, img, 90, 0);
                break;

            case WALL:
                putimage(j*30, i*30, 30, 30, img, 0, 0);
                break;

            case FINISH:
                putimage(j*30, i*30, 30, 30, img, 120, 0);
                break;

            default:
                break;
            }
        }
    }
}


bool isFinished()
{

    for (i = 0; i < 10; i++)
    {
```

```
        for (j = 0; j < 12; j++)
        {
            if (map[i][j] == BOX)
            {
                return false;
            }
        }
    }
    return true;
}


void findPeople()
{
    for (i = 0 ; i < 10; i++)
    {
        for (j = 0; j < 12; j++)
        {
            if (map[i][j] == PEOPLE)
            {
                break;
            }
        }
        if(map[i][j] == PEOPLE)
        {
            break;
        }
    }
}


void pressKey()
{

    int change[4][2] = {{-1,0},{1,0},{0,-1},{0,1}};
    int z;
    char move;
    move = getch();
    switch(move) {
    case 'w':
```

```
case key_up:
    z = 0;
    break;

case key_down:
case 's':
    z = 1;
    break;

case key_left:
case 'a':
    z = 2;
    break;

case key_right:
case 'd':
    z = 3;
    break;

default :
    return;
}


//如果行动之后是ROAD，那么就把该位置设置为PEOPLE
    if (map[i+change[z][0]][j+change[z][1]] == ROAD)
{
    map[i+change[z][0]][j+change[z][1]] = PEOPLE;
    stepNumber++;
    if (map[i][j] == PEOPLE)

    {
        map[i][j] = ROAD;
    }

}
//如果行动之后该位置是TERMINI，那么就把该位置设置为PEOPLE
    else if (map[i+change[z][0]][j+change[z][1]] == TERMINI)
{
```

```
        map[i+change[z][0]][j+change[z][1]] = PEOPLE;
        stepNumber++;
        if (map[i][j] ==PEOPLE)


        {
            map[i][j] = ROAD;
        }
    }
```

/*如果行动之后该位置是 BOX，那么就看该位置前方是否为路，如果是路，就把箱子向前推一个位置，把该位置设置为 PEOPLE*/

```
    else if (map[i+change[z][0]][j+change[z][1]] == BOX)
    {
        if (map[i+change[z][0]*2][j+change[z][1]*2] == ROAD)
        {
            map[i+change[z][0]*2][j+change[z][1]*2] = BOX;
            map[i+change[z][0]][j+change[z][1]] = PEOPLE;
            stepNumber++;
            if (map[i][j] == PEOPLE)


            {
                map[i][j] = ROAD;
            }
        }
```

/*如果行动之后该位置是 BOX，那么就看该位置前方是否为终点，如果是，就把前方位置设置为 FINISH，把该位置设置为 PEOPLE*/

```
        else if (map[i+change[z][0]*2][j+change[z][1]*2] == TERMINI)
        {
            map[i+change[z][0]*2][j+change[z][1]*2] = FINISH;
            map[i+change[z][0]][j+change[z][1]] = PEOPLE;
            stepNumber++;
            if (map[i][j] == PEOPLE)


            {
                map[i][j] = ROAD;
            }
        }
    }
```

/*如果行动之后的位置是 FINISH*/

```c
else if (map[i+change[z][0]][j+change[z][1]] == FINISH)
{
    //如果行动之后的前方是 ROAD，就将前方设置为 BOX，行动之后的位置设置为 PEOPLE
    if (map[i+change[z][0]*2][j+change[z][1]*2] == ROAD)
    {
        map[i+change[z][0]*2][j+change[z][1]*2] = BOX;
        map[i+change[z][0]][j+change[z][1]] =PEOPLE;
        stepNumber++;
        if (map[i][j] == PEOPLE)

        {
            map[i][j] = ROAD;
        }
    }
    //如果行动之后的前方是 TERMINI，就将前方设置为 FINISH，行动之后的位置设置为 PEOPLE
    else if (map[i+change[z][0]*2][j+change[z][1]*2] == TERMINI)
    {
        map[i+change[z][0]*2][j+change[z][1]*2] = FINISH;
        map[i+change[z][0]][j+change[z][1]] = PEOPLE;
        stepNumber++;
        if (map[i][j] == PEOPLE)

        {
            map[i][j] = ROAD;
        }
    }
}
```

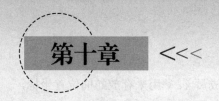

第十章 <<<

贪吃蛇游戏

1. 需求分析

（1）贪吃蛇游戏通过"↑""↓""←""→"键来控制蛇的移动。

（2）按下"空格"键暂停，再次按下"空格"键蛇继续移动。

（3）在地图上随机生成一个食物，如果蛇吃到了食物，蛇身变长一节（20 像素）。

（4）如果蛇碰到了墙则死亡，游戏结束。

（5）如果蛇碰到了自己的身体则死亡，游戏结束。

贪吃蛇游戏流程图如图 10-1 所示。

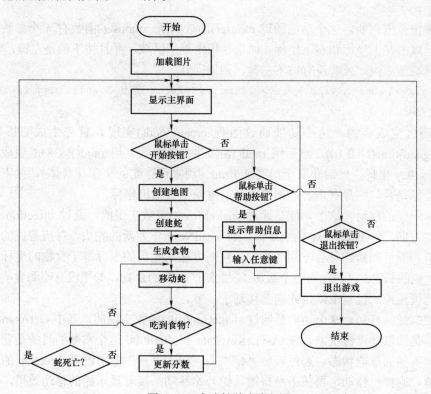

图 10-1 贪吃蛇游戏流程图

2. 关键代码分析

（1）数据结构定义。定义蛇结构体类型 snake，结构体成员 x、y 用来存放蛇的位置坐标，同时蛇的结构用链表的方式实现。

```
typedef struct Snake
{
    int x;
    int y;
    struct Snake *next;
}snake;
```

定义食物的结构体类型 Food，结构体成员 x、y 用来存放食物的位置坐标，同时定义结构体变量 star1。

```
struct Food //存放食物的位置坐标
{
    int x;
    int y;
}star1;
```

定义鼠标结构体

```
mouse_msg msg = {0};
```

（2）单击范围判断。这个功能通过 mouse()函数判断，mouse()函数有 4 个参数，分别是单击矩形区域的左上坐标和右下坐标。如果在指定矩形区域，并且按下的是左键，则返回 1。如果不在区域范围内，或者没有按下左键，则返回 0。

```
if(msg.x>x1&&msg.x<x2&&msg.y>y1&&msg.y<y2&&msg.is_down()&&msg.is_left())
    return 1;
```

（3）随机生成食物。这个功能通过函数 createFood()实现，首先生成随机数种子，srand((unsigned)time(NULL))，然后用 rand()函数生成随机数，用 rand()%38+1 生成合理范围内的 x 坐标与 y 坐标，然后获取全局变量 head（用来保存蛇的头部和身体），接下来判断随机生成的坐标是否与蛇身有重合，如果重合，重新生成随机坐标。

（4）显示蛇的移动。这个功能是通过 snakeMove()函数实现的，通过 direction 的值判断蛇头的移动方向，给 headNext 结点赋值，将 headNext 作为新的蛇头，并应答蛇的身体，使其前进一节；然后判断蛇是否吃到了食物，判断方法是蛇头的坐标等于食物的坐标，如果吃到了食物，蛇的长度加 1，食物的个数加 1，重新产生新的食物，如果没有吃到食物，则用空白块将蛇尾覆盖掉，视觉上就是蛇向前移动了一节。

（5）控制蛇的移动。这个功能是通过 snakeControl()函数实现的，其中 GetAsyncKeyState 函数的功能是读取物理键状态。GetAsyncKeyState '与'0x8000 这个常数的目的是获取按键状态，屏蔽掉其他的可能状态。通过判断"↑""↓""←""→"键来设置 direction 的值；如果按下空格键，则停止移动，再按下空格键，蛇开始移动；接着显示蛇的移动效果，判断蛇是否死亡，如果死亡返回 1，否则返回 0。

（6）判断蛇的死亡。这个功能是通过 snakeDie()函数实现的，如果蛇头碰到了边界，或者蛇头碰到了蛇身，蛇就会死亡，返回 1，否则返回 0。

3. 源代码

```cpp
#include<stdio.h>
#include<stdlib.h>
#include<time.h>
#include <graphics.h>
#define Length 1200//地图的长
#define Width 800//地图的宽
#define sizePaint 20//像素块的大小
using namespace std;
typedef struct Snake//存放蛇的位置坐标
{
    int x;
    int y;
    struct Snake *next;
}snake;
struct Food //存放食物的位置坐标
{
    int x;
    int y;
}star1;

mouse_msg msg = {0};//定义鼠标结构体

snake *head;
int speed;//休眠时间
int speed1;//相对速度
int getstar1Num;//吃到的食物个数
int direction;//表示蛇运动的方向
int snakelen;//蛇的长度
int score;//分数
PIMAGE menu,help,wall,star,snakeHead,snakeBody,white,records;

void getPaint();//加载所有要用到的图片
void showMenu();//显示主菜单
void showOver();//显示游戏结束界面
```

贪吃蛇游戏

```c
int mouse(int,int,int,int);//判断鼠标的单击
void data();//初始化各参数
void createMap();//生成地图
void createFood();//生成食物
void createSnake();//创造开局时的蛇
int snakeControl();//控制蛇的移动
void snakeMove();//显示蛇的移动
int snakeDie();//判断蛇是否死亡
void snakeStop();//使游戏暂停
void putScore();//输出目前的分数、速度

int main()
{
    int flag=0;int c=0;
    initgraph(Length,Width);//初始化界面
    getPaint();//加载所要用到的图片
    do
    {

        showMenu();//显示主界面

        for(;is_run();delay_fps(60))
        {
            while (mousemsg())//获取鼠标信息，这个函数会等待，等待到有信息为止
            {
                msg = getmouse();//将鼠标信息存入鼠标结构体
            }

            if(mouse(80,271,420,340)==1)//单击开始游戏按钮
            {
                flag=1;    break;
            }
            if(mouse(86,271,420,452)==1)//单击帮助按钮
            {
                flag=2;    break;
            }
            if(mouse(93,271,420,540)==1)//单击退出按钮
            {
                flag=3;    break;
```

```
            }

        }

    switch(flag)
    {
        case 1://开始游戏
            data();
            createMap();
            createSnake();
            createFood();
            c=snakeControl();
            if(c==1)showOver();
            getch();
            break;


        case 2://显示帮助界面
            putimage(0,0,1200,800,help,0,0,1200,800);
            int i;
            for(i=1;i<=60;i++)
            {
                putimage(20*(i-1),0,20,20,wall,0,0,20,20);
                putimage(20*(i-1),780,20,20,wall,0,0,20,20);
            }
            for(i=1;i<=40;i++)
            {
                putimage(0,20*i,20,20,wall,0,0,20,20);
                putimage(1180,20*i,20,20,wall,0,0,20,20);
            }
            getch();
            break;
        case 3://退出程序
            closegraph();
            return 0;
    }
}while(1);
getch();
closegraph();
```

```
    return 0;
}

int mouse(int x1,int y1,int x2,int y2)    //判断是否在(x1,y1)(x2,y2)矩形范围内单击
{
    if(msg.x>x1&&msg.x<x2&&msg.y>y1&&msg.y<y2&&msg.is_down()&&msg.is_left())
       return 1;
    return 0;
}
void showMenu()//显示主菜单界面
{
    putimage(0,0,1200,800,menu,0,0,1200,800);
}
void showOver()//显示游戏结束界面
{
        char s[40];
        sprintf(s, "Game Over!你的分数是%d。按任意键返回主界面。",score);
        setfont(20,0,"黑体");
         outtextxy(300,200,s);
}
void createMap()//创建开局时的游戏地图
{
    setfillcolor(EGERGB(240,255,240));
    bar(20,20,780,780);
    int i;
    for(i=1;i<=40;i++)//用灰色小方块围成游戏界面的边框
    {
        putimage(20*(i-1),0,20,20,wall,0,0,20,20);
        putimage(20*(i-1),780,20,20,wall,0,0,20,20);
    }
    for(i=1;i<=38;i++)
    {
        putimage(0,20*i,20,20,wall,0,0,20,20);
        putimage(780,20*i,20,20,wall,0,0,20,20);
    }
    putimage(800,0,400,800,records,0,0,400,800);//显示游戏记录界面
    putimage(830,320,20,20,star,0,0,20,20);

}
```

```
void createFood()//随机生成食物
{
    srand((unsigned)time(NULL));//生成随机数种子
    int i,flag;//flag 是判断随机出的食物是否符合条件
    snake *body;
    do
    {
        flag=1;
        body=head;//获取蛇链表的头节点信息
        star1.x=(rand()%38+1)*sizePaint;//随机生成食物的坐标
        star1.y=(rand()%38+1)*sizePaint;

        while (body != NULL&&flag!=0)//防止食物生成在蛇身体里面
        {
            if (star1.x == body->x&&star1.y == body->y)//判断食物坐标是否等于蛇身体坐标
            {
                flag=0;    break;
            }
            body = body->next;
        }

        if(flag==1)//如果随机生成的食物符合条件，则生成食物
        {
            putimage(star1.x,star1.y,20,20,star,0,0,20,20);

        }
    }while(!flag);
}


void createSnake()//创建开局时的蛇
{
    snake *p;
    int i;
    p=(snake*)malloc(sizeof(snake));//给 p 分配空间
    p->x=2*sizePaint;//初始化蛇尾位置的横坐标
    p->y=10*sizePaint;//初始化蛇尾位置的纵坐标
    p->next=NULL;
    for(i=0;i<snakelen;i++)//存入蛇的位置，用倒插法
```

```
    {
        head=(snake*)malloc(sizeof(snake));//给 head 申请空间
        head->x=(2+i)*sizePaint;
        head->y=10*sizePaint;
        head->next=p;
        p=head;
    }
    putimage(p->x,p->y,20,20,snakeHead,0,0,20,20);//打印蛇头
    p=p->next;
    while(p!=NULL)//打印蛇身
    {
        putimage(p->x,p->y,20,20,snakeBody,0,0,20,20);
        p=p->next;
    }
}


int snakeControl()//控制蛇的移动
{
    int a=0;
    while(1)//无限循环使其能一直运动
    {
        if((GetAsyncKeyState(VK_UP) & 0x8000)&&direction!=3)//当键盘输入上且蛇不向
                                                            //下移动
            direction=2;
        else if((GetAsyncKeyState(VK_DOWN) & 0x8000)&&direction!=2)//当键盘输入下且
                                                            //蛇不向上移动
            direction=3;
        else if((GetAsyncKeyState(VK_RIGHT) & 0x8000)&&direction!=1)//当键盘输入右且
                                                            //蛇不向左移动
            direction=0;
        else if((GetAsyncKeyState(VK_LEFT) & 0x8000)&&direction!=0)//当键盘输入左且
                                                            //蛇不向右移动
            direction=1;
        else if(GetAsyncKeyState(VK_SPACE))//当键盘输入空格时，暂停
            snakeStop();
        Sleep(speed);//通过控制休眠时间来控制循环速度，从而控制蛇的速度
        snakeMove();//显示蛇的移动效果
        putScore();//更新右侧的游戏记录
        a=snakeDie();//判断蛇是否死亡
```

```
        if(a==1)
            return 1;
    }
    return 0;
}


void snakeMove()//显示蛇的移动
{
    snake *headnext,*q;
    headnext=(snake*)malloc(sizeof(snake));//给 headnext 申请空间
    if(direction==0)//向右移动
    {
        headnext->x=head->x+sizePaint;
        headnext->y=head->y;
    }
    else if(direction==1)//向左移动
    {
        headnext->x=head->x-sizePaint;
        headnext->y=head->y;
    }
    else if(direction==2)//向上移动
    {
        headnext->x=head->x;
        headnext->y=head->y-sizePaint;
    }
    else if(direction==3)//向下移动
    {
        headnext->x=head->x;
        headnext->y=head->y+sizePaint;
    }
    headnext->next=head;
    head=headnext;
    q=head;
    putimage(q->x,q->y,20,20,snakeHead,0,0,20,20);
    q=q->next;
    while(q->next->next!=NULL)//打印蛇身体,使其往前进方向进一格
    {
        putimage(q->x,q->y,20,20,snakeBody,0,0,20,20);
        q=q->next;
```

```
    }
    if(head->x==star1.x && head->y==star1.y)//判断蛇是否吃到食物
    {
        snakelen++;//每吃一个食物，蛇的理论长度加1
        getstar1Num++;
        createFood();//生成新的食物
        score=score+10;

    }

    else
    {
        putimage(q->x,q->y,20,20,white,0,0,20,20);
        free(q->next);//将代表移动之前蛇尾位置的空间释放掉
        q->next=NULL;//让新的蛇尾结构体的next为空，方便以后找到蛇尾位置
    }


}
void snakeStop()//游戏暂停
{
    while(1)
    {
        Sleep(300);
        if(GetAsyncKeyState(VK_SPACE))//当暂停时，按空格键解除暂停状态
            break;
    }
}


int snakeDie()//判断蛇是否死亡
{
    int i,flag=1;
    snake *body;
    body=head->next;
    if(head->x==0||head->x==780||head->y==0||head->y==780)//蛇触碰边界就死亡
        return 1;
    while(body!=NULL)
    {
        if(head->x==body->x&&head->y==body->y)//判断蛇头是否撞上了蛇身
```

```
        {
            return 1;
        }
        body=body->next;
    }

    return 0;
}
void putScore()
{
    speed1=110-speed;//计算相对速度
    char playerScore[4],snakeSpeed[2],Num1[3];
    sprintf(playerScore,"%d",score);
    sprintf(snakeSpeed,"%d",speed1);
    sprintf(Num1,"%d",getstar1Num);
    setbkcolor(EGERGB(240,255,240));
    setcolor(EGERGB(191,293,255));
    setfont(20,0,"宋体");


    outtextrect(937,163,40,20,"10");
    outtextrect(882,196,100,20,playerScore);//在指定位置显示分值
    outtextrect(933,222,80,20,snakeSpeed);
    outtextrect(860,320,10,20,Num1);
    }
void getPaint()
{
    menu=newimage();
    getimage(menu,"Menu.jpg",0,0);
    white=newimage();
    getimage(white,"white.png",0,0);
    help=newimage();
    getimage(help,"help.jpg",0,0);
    snakeBody=newimage();
    getimage(snakeBody,"snakeBody.jpg",0,0);
    snakeHead=newimage();
    getimage(snakeHead,"snakeHead.png",0,0);
    wall=newimage();
    getimage(wall,"wall.png",0,0);
```

```
        records=newimage();
        getimage(records,"record.jpg",0,0);
        star=newimage();
        getimage(star,"star.png",0,0);

}
void data()//初始化各参数
{
        score=0;//初始化分数为 0
        speed1=0;//初始化速度为 0
        speed=100;
        snakelen=3;//初始化蛇的长度为 3 节
        direction=0;//初始化开局时，蛇向右移动
        getstar1Num=0;//初始化吃到的食物个数

}
```

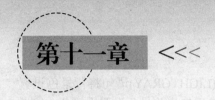

第十一章 <<<

双人五子棋游戏

1. 需求分析

（1）要求动态画出棋盘大小。

（2）画棋子并确定其颜色。

（3）参与的玩家依次轮流下棋。

（4）判断每局游戏的输赢，显示每局游戏的获胜者及分数。

（5）判断是否进行下一局。

（6）判断最终赢家（三局两胜）。

（7）右击结束程序。

双人五子棋游戏流程图如图 11-1 所示。

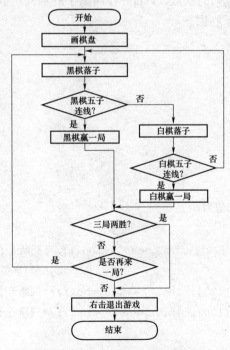

图 11-1 双人五子棋游戏流程图

2. 关键代码分析

（1）create()函数。该函数的功能是画棋盘。setbkcolor(LIGHTGRAY)语句将背景色设置为浅灰色，cleardevice()语句清除绘图屏幕，setcolor(GREEN)语句将前景色设置为绿色，然后使用 for 循环画出 20 行 20 列的棋盘。

（2）Game_Over1(int a[20][20], int chess_symbol)函数。该函数判断是否有相同颜色的五子连成"一"形或者"|"形，参数 a 为棋盘坐标，chess_symbol 为棋子，当 chess_symbol=1 时表示白棋子，当 chess_symbol=2 时为黑棋子。

（3）Game_Over2(int a[20][20], int chess_symbol)函数。该函数判断是否有相同颜色的五子连成"\"形，参数 a 为棋盘坐标，chess_symbol 为棋子，当 chess_symbol=1 时表示白棋子，当 chess_symbol=2 时为黑棋子。

（4）Game_Over3(int a[20][20], int chess_symbol)函数。该函数判断是否有相同颜色的五子连成"/"形，参数 a 为棋盘坐标，chess_symbol 为棋子，当 chess_symbol=1 时表示白棋子，当 chess_symbol=2 时为黑棋子。

（5）play()函数。黑白棋子交替下棋函数，定义变量 n，当 n=1 时白子落棋，当 n=2 时黑子落棋；语句 mouse_msg msg={0};定义一个 mouse_msg 类的实例 msg，语句 msg=getmouse();实例化 msg，用于获取鼠标信息，如判断鼠标是否按下左键、右键，获取单击的坐标位置；用 msg.x%50 和 msg.y%50 判断鼠标的位置离哪个坐标近，根据坐标位置选择在棋盘上的位置；语句 fillellipse(msg.x,msg.y,10, 10); 实现画实心圆即落子的功能，落子后 chess[i][j]的值设置为 1（白子）或 2（黑子），然后判断是否有五子连线的情况，如果有，则提示相应的棋子胜出；数组 v[2]中 v[0]存储白子胜利的次数，v[1]中存储黑子胜利的次数，三局两胜，如果 v[0]或 v[1]的值为 2，则相应的棋子胜出。

3. 源代码

```
#include <stdio.h>
#include <stdlib.h>
#include <graphics.h>

#define N 20
int chess[N][N]={0};/*初值为0*/


int Game_Over1(int a[20][20], int chess_symbol);/* 判断五子相连是否是"一"形或者"|"
                                    形(事实上"一"与"|"关于"\"对称) */
int Game_Over2(int a[20][20], int chess_symbol);/*判断五子相连是否是"\"形*/
int Game_Over3(int a[20][20], int chess_symbol);/*判断五子相连是否是"/"形*/
void create();/*画棋盘*/
void play();/*开始游戏*/
```

双人五子棋游戏

```c
int main()
{
    create();/*画棋盘*/
    play();/*开始游戏*/
    return 0;
}


int Game_Over1(int a[20][20], int chess_symbol)/* 判断五子相连是否是"一"形或者"|"形
                                                (事实上"一"与"|"关于"\"对称) */
{

        int i, j, k, l, r;
        for (i = 0; i < N; i++)
            for (k = 0; k < N - 4; k++)
            {
                l = r = 0;
                for (j = k; j < k + 5; j++)
                {
                    if (a[i][j] == chess_symbol)/* "一"形*/
                        l++;
                    if (a[j][i] == chess_symbol)/* "|"形*/
                        r++;
                }
                if (l == 5 || r == 5)/*当连续的 5 个棋子在一条直线上时,游戏结束*/
                    return 1;
            }
        return 0;
}


int Game_Over2(int a[20][20], int chess_symbol)/*判断五子相连是否是"\"形*/
{
    int i, j, k, m, LeftDown, RightUp;
    for (m = 0; m < N - 4; m++)
        for (k = 0; k < N - 4 - m; k++)
        {
            RightUp = LeftDown = 0;
            for (i = k, j = k + m; i < k + 5; i++, j++)
            {
```

```c
            if (a[i][j] == chess_symbol)/* 对角线"\"上及其右上方的"\"形*/
                RightUp++;
            if (a[j][i] == chess_symbol)/* 对角线"\"上及其左下方的"\"形*/
                LeftDown++;
            }
            if (RightUp == 5 || LeftDown == 5)
                return 1;
        }
    return 0;
}


int Game_Over3(int a[20][20], int chess_symbol)/*判断五子相连是否是"/"形*/
{
    int i, j, k, m, LeftUp, RightDown;
    for (m = N - 1; m >= 4; m--)
      for (k = 0; k < m + 1 - 4; k++)
      {
          RightDown = LeftUp = 0;
      for (i = k, j = m - k; i < k + 5; i++, j--)
          {
              if (a[i][j] == chess_symbol)/*对角线"/"上及其左上方的"/"形*/
                  LeftUp++;
              if (a[N - 1 - j][N - 1 - i] == chess_symbol)/*对角线"/"上及其右下方
                                                          的"/"形*/
                  RightDown++;
          }
          if (RightDown == 5 || LeftUp == 5)
              return 1;
      }
    return 0;
}


void create()/*画棋盘*/
{
    int x;
    initgraph(1000, 1000);/*生成一个区域*/
    setbkcolor(LIGHTGRAY);
    cleardevice();/*清除绘图屏幕*/
    setcolor(GREEN);/*画图颜色是绿色*/
```

```
for (x = 0; x <= 1000; x = x + 50)/*画棋盘格*/
{
    line(x, 0, x, 1000);
    line(0, x, 1000, x);
}


}

void play()/*开始游戏*/
{
    int x, y,i, j,v[2]={0};
    char ch;
    v[0] = 0;/*白子获胜次数*/ v[1] = 0;/*黑子获胜次数*/
    int n;/*n=1 白子 n=2 黑子*/
    n = 2;/*黑棋先落子*/
    create();
    while (true)
    {
        mouse_msg msg={0};
        msg=getmouse();/*获取鼠标消息*/
        if (msg.is_down()&&msg.is_left())
        {
            x = msg.x % 50;
            if (x <= 25) msg.x = msg.x - x;
            else msg.x = msg.x + (50 - x);/*在右半区域时判定为右边的棋格*/
            y = msg.y % 50;
            if (y <= 25) msg.y = msg.y - y;
            else msg.y = msg.y + (50 - y);/*在下半区域时判定为下边的棋格*/
            i = msg.x / 50;
            j = msg.y / 50;
            if (chess[i][j] != 0)/*防止在一个地方重复下棋子, chess[i][j]==1 为白子
                              chess[i][j]==2 为黑子*/
                continue;

            if (n == 1)/*判断该谁下棋*/
            {
                setcolor(WHITE);
                setfillcolor(WHITE);
                fillellipse(msg.x,msg.y,10, 10);
```

135

```
        chess[i][j] = 1;

        if (Game_Over1(chess, 1) == 1 || Game_Over2(chess, 1) == 1 ||
Game_Over3(chess, 1) == 1)
        {
            setcolor(BLACK); outtextxy(200, 200, "此局白子胜利");
            v[0]++;
            if (v[0] == 2)
            {
                outtextxy(200, 300, "3局2胜,白子胜局,白子胜出");
            }
            outtextxy(250, 250, "是否继续下棋：Y OR N");
            ch = getch();
            if (ch == 'N') break;
            else
            {
                for (i = 0; i < N; i++)
                    for (j = 0; j < N; j++)
                        chess[i][j] = 0;
                setbkcolor(LIGHTGRAY);
                cleardevice();/*清除绘图屏幕*/
                setcolor(GREEN);/*画图颜色是绿色*/
                for (x = 0; x <= 1000; x = x + 50)/*画棋盘格*/
                {
                    line(x, 0, x, 1000);
                    line(0, x, 1000, x);
                }
            }

        }
        n = 2;/*换另一方下子*/
    }
    else
    {

        setcolor(BLACK);
        setfillcolor(BLACK);
        fillellipse(msg.x,msg.y,10, 10);
        chess[i][j] = 2;
```

```
    if (Game_Over1(chess, 2) == 1 || Game_Over2(chess, 2) == 1 ||
                                Game_Over3(chess, 2) == 1)
{
    setcolor(BLACK); outtextxy(200, 200, "此局黑子胜利");
    v[1]++;
    if (v[1] == 2) { outtextxy(200, 200, "3局2胜,黑子胜局,黑子胜出"); }
    outtextxy(250, 250, "是否继续下棋：Y OR N");
    ch = getch();
    if (ch == 'N') break;
    else
    {
        for (i = 0; i < N; i++)
            for (j = 0; j < N; j++)
                chess[i][j] = 0;
        setbkcolor(LIGHTGRAY);
        cleardevice();/*清除绘图屏幕*/
        setcolor(GREEN);/*画图颜色是绿色*/
        for (x = 0; x <= 1000; x = x + 50)/*画棋盘格*/
        {
            line(x, 0, x, 1000);
            line(0, x, 1000, x);
        }
    }
    n = 1;
}
    }
    if(msg.is_down()&&msg.is_right()) break;/*右击结束*/
}
}
```

第十二章 <<<

俄罗斯方块游戏

1. 需求分析

俄罗斯方块里面 7 种基本方块形状,其中每个图形还有 4 种变形,各个形状及其变形如图 12-1 所示。

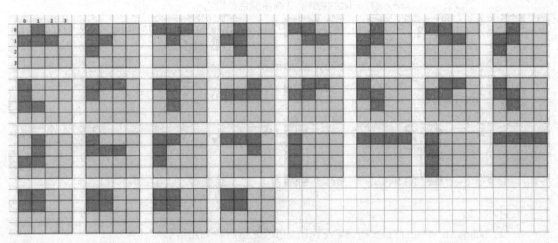

图 12-1 7 种基本方块形状及其变形

当然其中会有重复的变形,去掉重复的图形,共有 19 种形状。所以定义结构体数组:

```
struct Rock{
    bool _rock[4][4];
}initR[19];
```

游戏界面设计如图 12-2 所示,包括游戏区、游戏说明、难度调节、得分和下一个方块。

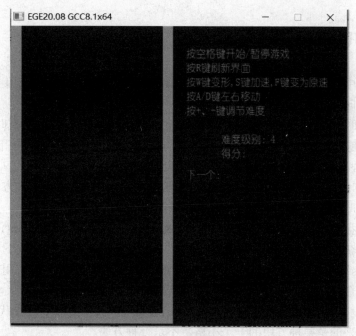

图 12-2 游戏界面

俄罗斯方块游戏流程图如图 12-3 所示。

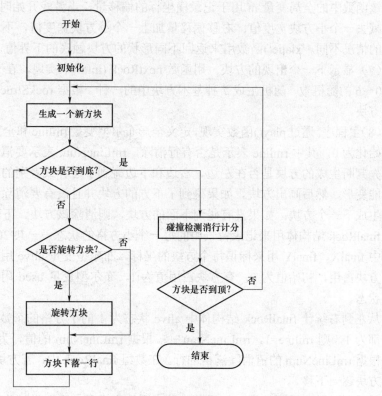

图 12-3 俄罗斯方块游戏流程图

2. 关键代码分析

（1）画界面中的围墙。用 initWall() 函数实现，通过两个 for 循环，使用 3 个 bar() 函数完成了两条竖直方向和一条底面的围墙。

（2）不同睡眠时间对应不同等级。用 levelchange() 函数实现，代表睡眠时间的 level 值越大，对应的等级越低，方块下降的速度越慢。在 initjiemian() 函数中，通过按下键盘的"+""-"调整对应的等级，等级越高，level 值越低，方块下降的速度越快。

（3）19 种方块对应的点阵。用 rockStruct() 函数实现，将 19 种变形的方块存储在结构体数据 initR[19] 中，这是一个精细的工作，可以对照图 12-1 来理解。

（4）获取键盘按键消息。用 rockAction(int &n) 函数实现。首先用 kbhit() 函数检测是否有按键按下，然后获取按下的字符，如果按下"a"或"A"键，则左移；按下"d"或"D"键则右移；按下"s"或"S"键加速；按下"w"或"W"键变形，参数 n 用来返回方块的类型；按下空格键暂停；按下"r"或"R"键刷新界面，将成绩置 0。

（5）画小方块。用函数 drawRock(int p,int q) 来实现，其中 p 和 q 分别代表起点的 x 和 y 坐标。这里画出来的是某种方块的一个小格，不是一种方块。

（6）左右和下边界检测。用函数 lrObstacle() 和 xiajie() 来实现，lrObstacle() 函数用于检测左边界和右边界，当 flag2==0 的时候，表明碰到右边界；当 flag3==0 的时候，表明碰到左边界。该函数中的全局变量 m 用于记录横坐标的偏移量，当游戏开始时，偏移量为 0，左移偏移量减去一个小方块宽度值；右移偏移量加上一个小方块宽度值，不同形状的方块碰到左右边界的情况不同。xiajie() 函数用来返回不同形状的方块触底的下界值。

（7）显示下一个出现的方块。用函数 nextRock(int n) 来实现，在 play 函数中调用，参数 n 为 0~6 的随机数，随机生成 7 种基本方块中的一种。根据 rockStruct() 函数中初始化的点阵来画方块。

（8）主程序。通过 play() 函数实现，定义全局布尔型变量 rmline 和全局整型变量 rmLineNum 并初始化为 0，其中 rmline 表示是否有行消除，rmLineNum 表示要消除的行数。变量初始化后，先判断生成的方块是否在左边、右边和下边碰到了边界或者别的方块，然后判断该方块是否能变形，然后画出方块。如果碰到了下方的方块并且没有要消除的行，跳出内层循环，继续生成下一个方块；如果没有碰到下面的方块，则清除该方块，下落一行继续生成方块。

finalRock 结构体用来记录背景中的每一个小方格的状态，一共 200 个小方块，其结构体成员中 finalX、finalY 用来标识每个方块的坐标，布尔型变量 alive 用来标识背景小方格是否为有方块占用，初始值为 0，有方块占用值为 1，布尔型变量 used 用来标识方块是否为使用过的状态。

从左到右统计 finalRock 结构体中 alive 状态为 1 的小方格的个数，如果一行 10 个 alive 状态都为 1，则 rmline=1，rmLineNum++；根据 rmLineNum 的值，为 score 增加不同的值，接着根据 rmLineNum 的值消除满格的行。在数组 finalRock 中，若方块 alive=0 且 used=1，上面的方块逐一下移。

最后判断游戏是否结束，如果游戏结束则给出提示，否则继续生成下一个小方块。

（9）绘制界面。通过 initjiemian() 函数实现，用 outtextxy() 函数在界面指定位置绘制提示信息。

3. 源代码

俄罗斯方块游戏

```cpp
#include<iostream>
#include<graphics.h>
#include<conio.h>
#include<windows.h>
#include<stdlib.h>
#include<ctime>
#pragma comment(lib,"Winmm.lib")
#define wall_width 15 //围墙的宽度
#define rock_width 20 //方块的宽度
#define under_width 23
#define width 230  //游戏界面的宽度
#define rwidth 200
int level=30;    //初始化睡眠时间为30，不同的level对应不同等级
int _time=0;
int m=0;    //用于记录横坐标偏移量
int kind=rand()%7;    //方块的种类标记
int a,b,c;    //方块颜色
int score=0;    //分数

//随机生成7种基本方块形状中的1种
int randNum(){
    srand((unsigned)time(0));
    int a=rand()%7;
    return a;
}

//方块结构体，用一个元素个数都为4的二维数组表示方块4×4的结构，有19种变形
struct Rock{
    bool _rock[4][4];
}initR[19];

char clear(){
    rewind(stdin);
    char ch=getch();
    return ch;
```

```
}

//画围墙
void initWall(){
    for(int i=0;i<20;i++){
        setfillcolor(LIGHTGRAY);
        bar(0,i*rock_width,wall_width,(i+1)*rock_width);//画竖直方向的围墙
        bar(width-wall_width+1,i*rock_width,width+1,(i+1)*rock_width);
    }
    for(int i=0;i<10;i++){
        bar(i*under_width,20*rock_width+2,(i+1)*under_width,21*rock_width-3);
    }
    bar(0,20*rock_width,wall_width,20*rock_width+2);
    bar(width-wall_width+1,20*rock_width,width+1,20*rock_width+2);
    bar(width,20*rock_width+2,width+1,21*rock_width-3);
}

//不同睡眠时间对应等级
void levelchange(){
    if(level==5){
        outtextxy(370,150,"9");
    }else if(level==10){
        outtextxy(370,150,"8");
    }else if(level==15){
        outtextxy(370,150,"7");
    }else if(level==20){
        outtextxy(370,150,"6");
    }else if(level==25){
        outtextxy(370,150,"5");
    }else if(level==30){
        outtextxy(370,150,"4");
    }else if(level==35){
        outtextxy(370,150,"3");
    }else if(level==40){
        outtextxy(370,150,"2");
    }else if(level==45){
        outtextxy(370,150,"1");
    }
}
```

```
//19 种方块对应的点阵
void rockStruct(){
    for(int i=0;i<4;i++){
        for(int j=0;j<4;j++){
            if(j==1){
                initR[0]._rock[i][j]=1;
            } else{
                initR[0]._rock[i][j]=0;
            }    //横直线型
            if(i==0&&j==0||i==1&&j==0||i==0&&j==1||i==1&&j==1){
                initR[1]._rock[i][j]=1;
            }else{
                initR[1]._rock[i][j]=0;
            }    //田字型
            if(j==0&&i!=3||i==1&&j==1){
                initR[2]._rock[i][j]=1;
            }else{
                initR[2]._rock[i][j]=0;
            }    //正 T 型
            if(j==0&&i!=3||i==0&&j==1){
                initR[3]._rock[i][j]=1;
            }else{
                initR[3]._rock[i][j]=0;
            }    //L 顺时针旋转 90° 型
            if(j==0&&i!=3||i==2&&j==1){
                initR[4]._rock[i][j]=1;
            }else{
                initR[4]._rock[i][j]=0;
            }    //反 L 逆时针旋转 90° 型
            if(i==0&&j==0||i==1&&j==0||i==1&&j==1||i==2&&j==1){
                initR[5]._rock[i][j]=1;
            }else{
                initR[5]._rock[i][j]=0;
            }    //正 Z 型
            if(i==1&&j==0||i==2&&j==0||i==0&&j==1||i==1&&j==1){
                initR[6]._rock[i][j]=1;
            }else{
                initR[6]._rock[i][j]=0;
```

```
}        //反 Z 型
if(i==1){
    initR[7]._rock[i][j]=1;
}else{
    initR[7]._rock[i][j]=0;
}        //竖直线型
if(i==1&&j!=3||i==0&&j==1){
    initR[8]._rock[i][j]=1;
}else{
    initR[8]._rock[i][j]=0;
}        //指左 T 型
if(i==0&&j!=3||i==1&&j==1){
    initR[9]._rock[i][j]=1;
}else{
    initR[9]._rock[i][j]=0;
}        //指右 T 型
if(j==1&&i!=3||i==1&&j==0){
    initR[10]._rock[i][j]=1;
}else{
    initR[10]._rock[i][j]=0;
}        //倒 T 型
if(i==0&&j!=3||i==1&&j==2){
    initR[11]._rock[i][j]=1;
}else{
    initR[11]._rock[i][j]=0;
}        //正 L 型
if(i==1&&j!=3||i==0&&j==0){
    initR[12]._rock[i][j]=1;
}else{
    initR[12]._rock[i][j]=0;
}        //L 旋转 180°型
if(j==1&&i!=3||i==2&&j==0){
    initR[13]._rock[i][j]=1;
}else{
    initR[13]._rock[i][j]=0;
}        //L 逆时针旋转 90°型
if(i==1&&j!=3||i==0&&j==2){
    initR[14]._rock[i][j]=1;
}else{
```

```
            initR[14]._rock[i][j]=0;
        }    //反 L 型
        if(j==1&&i!=3||i==0&&j==0){
            initR[15]._rock[i][j]=1;
        }else{
            initR[15]._rock[i][j]=0;
        }    //反 L 顺时针旋转 90°型
        if(i==0&&j!=3||i==1&&j==0){
            initR[16]._rock[i][j]=1;
        }else{
            initR[16]._rock[i][j]=0;
        }    //反 L 旋转 180°型
        if(i==1&&j==0||i==1&&j==1||i==0&&j==1||i==0&&j==2){
            initR[17]._rock[i][j]=1;
        }else{
            initR[17]._rock[i][j]=0;
        }    //异正 Z 型
        if(i==0&&j==0||i==0&&j==1||i==1&&j==1||i==1&&j==2){
            initR[18]._rock[i][j]=1;
        }else{
            initR[18]._rock[i][j]=0;
        }    //异反 Z 型
    }
  }
}


//实时分数转化为字符串类型并在固定位置显示方程，分数大于等于 0
int scoreToString(int x){
    setfillcolor(BLACK);
    bar(340,170,450,185);
    int n=0;
    int i=1;
    while(x/i>0){
        n++;
        i*=10;
    }
    char ch[n];
    if(x==0){
        setfont(17,8,"幼圆");
```

```c
    setcolor(EGERGB(0xff,0x99,0x22));
    outtextxy(340,170,'0');
    return 0;
}
int l=0;
i/=10;
for(int j=0;j<n;j++){
    if(x/i==1){
        ch[j]='1';
    }else if(x/i==2){
        ch[j]='2';
    }else if(x/i==3){
        ch[j]='3';
    }else if(x/i==4){
        ch[j]='4';
    }else if(x/i==5){
        ch[j]='5';
    }else if(x/i==6){
        ch[j]='6';
    }else if(x/i==7){
        ch[j]='7';
    }else if(x/i==8){
        ch[j]='8';
    }else if(x/i==9){
        ch[j]='9';
    }else if(x/i==0){
        ch[j]='0';
    }
    x=x%i;
    i/=10;
}
for(int j=0;j<n;j++){
    setfont(15,7,"幼圆");
    setcolor(EGERGB(0xff,0x99,0x22));
    outtextxy(340+j*8,170,ch[j]);
}
return 1;
}
```

```
//沉底确定的方块
struct FinalRock{
    int finalX;
    int finalY;
    bool alive;
    bool used;
}finalRock[200];    //理论上 200 为方块最大可能存在数
int fr_len=0;


bool flag2=0,flag3=0;
bool change[18]={0};
//方块的各种行为
void rockAction(int &n){    //此处的引用符号 "&" 非常重要
    if(kbhit()){
        char c=clear();
        switch(c){
            case 'a':    //左移
            case 'A':
                if(flag3==0){
                    m-=rock_width;break;
                }else break;
            case 'd':    //右移
            case 'D':
                if(flag2==0){
                    m+=rock_width;break;
                }else break;
            case 's':    //加速
            case 'S':
                if(_time!=0){
                    _time-=5;
                }
                break;
            case 'f':    //恢复原速
            case 'F':
                _time=level;break;
            case 'w':    //变形
            case 'W':
```

```
        if(change[0]==0&&n==0){
            n=7;
        }else if(change[1]==0&&n==7){
            n=0;
        }else if(change[2]==0&&n==2){
            n=8;
        }else if(change[3]==0&&n==8){
            n=10;
        }else if(change[4]==0&&n==10){
            n=9;
        }else if(change[5]==0&&n==9){
            n=2;
        }else if(change[6]==0&&n==3){
            n=12;
        }else if(change[7]==0&&n==12){
            n=13;
        }else if(change[8]==0&&n==13){
            n=11;
        }else if(change[9]==0&&n==11){
            n=3;
        }else if(change[10]==0&&n==4){
            n=14;
        }else if(change[11]==0&&n==14){
            n=15;
        }else if(change[12]==0&&n==15){
            n=16;
        }else if(change[13]==0&&n==16){
            n=4;
        }else if(change[14]==0&&n==5){
            n=17;
        }else if(change[15]==0&&n==17){
            n=5;
        }else if(change[16]==0&&n==6){
            n=18;
        }else if(change[17]==0&&n==18){
            n=6;
        }break;
    case 'r':    //刷新界面
    case 'R':
```

```
            for(int i=0;i<fr_len;i++){
                finalRock[i].alive=0;
            }
            fr_len=0;
            setfillcolor(BLACK);
            bar(wall_width,0,wall_width+10*rock_width,20*rock_width);
            score=0;
            scoreToString(score);
            getch();
            break;
        case ' ':    //暂停
            getch();break;
        default:
            break;
    }
  }
}


//下界分类
int xiajie(int n){
    int underline;
    if(n==0||n==1||n==2||n==3||n==4||n==5||n==6||n==10||n==13||n==15){
        underline=19*rock_width;
    }else if(n==8||n==9||n==11||n==12||n==14||n==16||n==17||n==18){
        underline=18*rock_width;
    }else if(n==7){
        underline=17*rock_width;
    }
    return underline;
}



int it=0;
int x=0,y=0,initx=0,inity=0;
//设置左右屏障
void lrObstacle(int n){
    //左屏障
    if(n!=7){
```

```
            if(m==(-3)*rock_width){
                flag3=1;
            }
        }else{
            if(m==(-4)*rock_width){
                flag3=1;
            }
        }
    }


    //右屏障
    if(n==0){
        if(m==3*rock_width){
            flag2=1;
        }
    }else if(n==1||n==8||n==9||n==11||n==12||n==14||n==16||n==17||n==18){
        if(m==5*rock_width){
            flag2=1;
        }
    }else if(n==2||n==3||n==4||n==5||n==6||n==10||n==13||n==15){
        if(m==4*rock_width){
            flag2=1;
        }
    }else if(n==7){
        if(m==5*rock_width){
            flag2=1;
        }
    }
}


//右边提示下一个即将出现的方块
void nextRock(int n){
    rockStruct();
    int _initx;
    int _inity;
    setfillcolor(BLACK);
    bar(320,250,320+4*rock_width,250+4*rock_width);
    for(int i=0;i<4;i++){
        for(int j=0;j<4;j++){
            if(initR[n]._rock[i][j]==1){    //若数组元素为1，则在此位置画小方块
```

```
            _initx=i*rock_width+320;
            _inity=j*rock_width+250;
            setfillcolor(EGERGB(0xaa,0xaa,0xaa));
            bar(_initx,_inity,_initx+rock_width,_inity+rock_width);
            //画方块的方框
            setcolor(BLACK);
            line(_initx,_inity,_initx+rock_width,_inity);
            line(_initx+rock_width,_inity,_initx+rock_width,_inity+rock_
width);
            line(_initx+rock_width,_inity+rock_width,_initx,_inity+rock_
width);
            line(_initx,_inity+rock_width,_initx,_inity);
        }
    }
  }
}


//禁止改变方块（若方块变形与沉底方块或围墙冲突，则禁止变形）
void ifChange(int p,int q,int l,int n){
    change[l]=0;
    for(x=0;x<4;x++){
        for(y=0;y<4;y++){
            if(n==p){
                if(initR[q]._rock[x][y]==1){
                    initx=x*rock_width+wall_width+3*rock_width+m;
                    inity=(y-1)*rock_width+it;
                    if(inity>19*rock_width||initx<wall_width||initx>wall_width+
9*rock_width){
                        change[l]=1;
                    }
                    for(int i=0;i<fr_len;i++){
                        if(finalRock[i].alive==1&&initx==finalRock[i].
finalX&&(inity+rock_width>finalRock[i].finalY&&inity<finalRock[i].finalY||ini
ty>finalRock[i].finalY&&inity+rock_width<finalRock[i].finalY)){
                            change[l]=1;
                        }
                    }
                }
            }
        }
```

```
        }
    }
}


//画方块方程
void drawRock(int p,int q){
    srand((unsigned)time(0));
    a=rand()%256,b=rand()%256,c=rand()%256;
    setfillcolor(RGB(a,b,c));
    bar(p,q,p+rock_width,q+rock_width);
    //画方块的方框
    setcolor(BLACK);
    line(p,q,p+rock_width,q);
    line(p+rock_width,q,p+rock_width,q+rock_width);
    line(p+rock_width,q+rock_width,p,q+rock_width);
    line(p,q+rock_width,p,q);
}


bool rmline=0;
int rmLineNum=0;
//主体程序
void play(){
    rockStruct();
    int b=0;
    score=0;
    kind=randNum();
    while(1){
        scoreToString(score);
        m=0;
        b=kind;
        kind=randNum();
        nextRock(kind);
        int _xiajie=17*rock_width;
        _time=level;
        for(it=0;it<=_xiajie;it++){
            rockAction(b);
            flag2=0,flag3=0;
            _xiajie=xiajie(b);
```

```
        lrObstacle(b);
        //生成方块
        bool flag1=0;
        for(x=0;x<4;x++){
            for(y=0;y<4;y++){
                if(initR[b]._rock[x][y]==1){     //若数组元素为1，则在此位置画小方块
                    initx=x*rock_width+wall_width+3*rock_width+m;
                    inity=(y-1)*rock_width+it;
                    for(int i=0;i<fr_len;i++){
                        if(finalRock[i].alive==1&&initx==finalRock[i].
finalX&&inity+rock_width==finalRock[i].finalY){
                            //判断是否掉到前面的方块上方
                            flag1=1;
                        }else     if(finalRock[i].alive==1&&initx+rock_width==
finalRock[i].finalX&&inity>finalRock[i].finalY-rock_width&&inity<finalRock[i]
.finalY+rock_width){
                            //判断是否与前面的方块碰壁(不让右移)
                            flag2=1;
                        }else     if(finalRock[i].alive==1&&initx-rock_width==
finalRock[i].finalX&&inity>finalRock[i].finalY-rock_width&&inity<finalRock[i]
.finalY+rock_width){
                            //判断是否与前面的方块碰壁(不让左移)
                            flag3=1;
                        }
                    }
                }
            }
        }
        ifChange(0,7,0,b);
        ifChange(7,0,1,b);
        ifChange(2,8,2,b);
        ifChange(8,10,3,b);
        ifChange(10,9,4,b);
        ifChange(9,2,5,b);
        ifChange(3,12,6,b);
        ifChange(12,13,7,b);
        ifChange(13,11,8,b);
        ifChange(11,3,9,b);
        ifChange(4,14,10,b);
```

```
        ifChange(14,15,11,b);
        ifChange(15,16,12,b);
        ifChange(16,4,13,b);
        ifChange(5,17,14,b);
        ifChange(17,5,15,b);
        ifChange(6,18,16,b);
        ifChange(18,6,17,b);
        for(x=0;x<4;x++){
            for(y=0;y<4;y++){
                if(initR[b]._rock[x][y]==1){    //若数组元素为1，则在此位置画小方块
                    initx=x*rock_width+wall_width+3*rock_width+m;
                    inity=(y-1)*rock_width+it;
                    drawRock(initx,inity);
                }
            }
        }
        if(flag1==1&&rmline==0) break;
        rmline=0;
        Sleep(_time);
        //清除原方块
        for(x=0;x<4;x++){
            for(y=0;y<4;y++){
                if(initR[b]._rock[x][y]==1){
                    initx=x*rock_width+wall_width+3*rock_width+m;
                    inity=(y-1)*rock_width+it;
                    setfillcolor(BLACK);      //用背景色掩盖
                    bar(initx,inity,initx+rock_width,inity+rock_width);
                }
            }
        }
    }
    for(x=0;x<4;x++){
        for(y=0;y<4;y++){
            if(initR[b]._rock[x][y]==1){
                finalRock[fr_len].finalX=x*rock_width+wall_width+3*rock_width+m;
                finalRock[fr_len].finalY=(y-1)*rock_width+it;
                finalRock[fr_len].alive=1;
                fr_len++;
```

```
            }
        }
    }
    int temp10[10]={0};
    rmLineNum=0;
    for(int i=0;i<fr_len;i++){
        int x_len=1;
        int temp10_len=0;
        for(int j=0;j<10;j++){
            temp10[j]=0;
        }
        for(int j=i+1;j<fr_len;j++){
            if(finalRock[i].finalY==finalRock[j].finalY&&finalRock[i].
alive==1&&finalRock[j].alive==1){
                x_len++;
                temp10[0]=i;
                temp10_len++;
                temp10[temp10_len]=j;
            }
        }
        if(x_len==10){
            rmline=1;
            rmLineNum++;
            for(int j=0;j<10;j++){
                finalRock[temp10[j]].alive=0;
                finalRock[temp10[j]].used=0;
            }
        }
    }
    //Sleep(_time);

    //分数增加机制
    if(rmLineNum==1){
        score++;
    }else if(rmLineNum==2){
        score+=4;
    }else if(rmLineNum==3){
        score+=7;
    }else if(rmLineNum==4){
```

```
        score+=12;
    }
//消行机制
if(rmline==1){
    int i,j;
    setfillcolor(BLACK);
    bar(wall_width,0,wall_width+rwidth,20*rock_width+1);
    Sleep(200);
    int temp=0;
    for(i=0;i<fr_len;i++){
        if(finalRock[i].alive==0&&finalRock[i].used==0){
            temp=i;
            break;
        }
    }
    int temp2[2]={0};
    int temp3[3]={0};
    if(rmLineNum==2){
        for(j=0;j<fr_len;j++){
            if(finalRock[j].alive==0&&finalRock[j].used==0){
                temp2[0]=finalRock[j].finalY;
                break;
            }
        }
        for(j=0;j<fr_len;j++){
            if(finalRock[j].alive==0&&finalRock[j].used==0&&finalRock[j].
finalY!=temp2[0]){
                temp2[1]=finalRock[j].finalY;
                break;
            }
        }
    }
    if(rmLineNum==3){
        for(j=0;j<fr_len;j++){
            if(finalRock[j].alive==0&&finalRock[j].used==0){
                temp3[0]=finalRock[j].finalY;
                break;
            }
        }
```

```
        for(j=0;j<fr_len;j++){
            if(finalRock[j].alive==0&&finalRock[j].used==0&&finalRock[j].
finalY!=temp3[0]){
                temp3[1]=finalRock[j].finalY;
                break;
            }
        }
        for(j=0;j<fr_len;j++){
            if(finalRock[j].alive==0&&finalRock[j].used==0&&finalRock[j].
finalY!=temp3[0]&&finalRock[j].finalY!=temp3[1]){
                temp3[2]=finalRock[j].finalY;
                break;
            }
        }
        int tempChar=temp3[0];
        for(j=0;j<3;j++){
            for(int k=j+1;k<3;k++){
                if(temp3[j]>temp3[k]){
                    tempChar=temp3[j];
                    temp3[j]=temp3[k];
                    temp3[k]=tempChar;
                }
            }
        }
    }
    for(i=0;i<fr_len;i++){
        if(finalRock[i].alive==0&&finalRock[i].used==0){
            finalRock[i].used=1;
        }
    }
    for(j=0;j<fr_len;j++){
        if(rmLineNum==1||rmLineNum==4){
            if(finalRock[j].alive==1&&finalRock[j].finalY<finalRock
[temp].finalY){
                if(rmLineNum==1){
                    finalRock[j].finalY+=rock_width;
                }else if(rmLineNum==4){
                    finalRock[j].finalY=finalRock[j].finalY+4*rock_width;
                }
```

```
                    drawRock(finalRock[j].finalX,finalRock[j].finalY);
                }else if(finalRock[j].alive==1&&finalRock[j].finalY>finalRock
[temp].finalY){
                    drawRock(finalRock[j].finalX,finalRock[j].finalY);
                }
            }else if(rmLineNum==2||rmLineNum==3){
                if(rmLineNum==2){
                    int             tempBetween=0,tempUnder=0,tempBetweenUp=0,
tempBetweenUnder=0;
                    bool between1=0,between2=0;
                    if(temp2[0]>temp2[1]&&temp2[0]-2*rock_width==temp2[1]){
                        between1=1;
                        tempBetween=temp2[0]-rock_width;
                    }else if(temp2[0]<temp2[1]&&temp2[0]+2*rock_width==t emp2[1]){
                        between1=1;
                        tempBetween=temp2[0]+rock_width;
                    }else if(temp2[0]>temp2[1]&&temp2[0]-3*rock_width== temp2[1]){
                        between2=1;
                        tempBetweenUp=temp2[1]+rock_width;
                        tempBetweenUnder=temp2[1]+2*rock_width;
                    }else if(temp2[0]<temp2[1]&&temp2[0]+3*rock_width== temp2[1]){
                        between2=1;
                        tempBetweenUp=temp2[1]-2*rock_width;
                        tempBetweenUnder=temp2[1]-rock_width;
                    }
                    if(between1==1){

if(finalRock[j].alive==1&&finalRock[j].finalY==tempBetween){
                            finalRock[j].finalY+=rock_width;
                            drawRock(finalRock[j].finalX,finalRock[j].finalY);
                        }else    if(finalRock[j].alive==1&&finalRock[j].finalY<
tempBetween){
                            finalRock[j].finalY=finalRock[j].finalY+2*
rock_width;
                            drawRock(finalRock[j].finalX,finalRock[j].finalY);
                        }else    if(finalRock[j].alive==1&&finalRock[j].finalY>
tempBetween){
                            drawRock(finalRock[j].finalX,finalRock[j].finalY);
                        }
```

```
                }else if(between2==1){
                    if(finalRock[j].alive==1&&(finalRock[j].finalY==
tempBetweenUp||finalRock[j].finalY==tempBetweenUnder)){
                        finalRock[j].finalY+=rock_width;
                        drawRock(finalRock[j].finalX,finalRock[j].finalY);
                    }else    if(finalRock[j].alive==1&&finalRock[j].finalY<
tempBetweenUp){
                        finalRock[j].finalY=finalRock[j].finalY+2*
rock_width;
                        drawRock(finalRock[j].finalX,finalRock[j].finalY);
                    }else    if(finalRock[j].alive==1&&finalRock[j].finalY>
tempBetweenUnder){
                        drawRock(finalRock[j].finalX,finalRock[j].finalY);
                    }
                }else{
                    if(finalRock[j].alive==1&&finalRock[j].finalY<
finalRock[temp].finalY){
                        finalRock[j].finalY=finalRock[j].finalY+2*
rock_width;
                        drawRock(finalRock[j].finalX,finalRock[j].finalY);
                    }else    if(finalRock[j].alive==1&&finalRock[j].finalY>
finalRock[temp].finalY){
                        drawRock(finalRock[j].finalX,finalRock[j].finalY);
                    }
                }
            }else if(rmLineNum==3){
                bool between1=0,between2=0;
                int tempBetween=0;

if(temp3[0]+rock_width==temp3[1]&&temp3[1]+2*rock_width==temp3[2]){
                    between1=1;
                    tempBetween=temp3[1]+rock_width;
                }else if(temp3[0]+2*rock_width==temp3[1]){
                    between2=1;
                    tempBetween=temp3[0]+rock_width;
                }
                if(between1==1){
                    if(finalRock[j].alive==1&&finalRock[j].finalY==
tempBetween){
```

```
                                        finalRock[j].finalY+=rock_width;
                                        drawRock(finalRock[j].finalX,finalRock[j].finalY);
                                    }else    if(finalRock[j].alive==1&&finalRock[j].finalY<
tempBetween){

finalRock[j].finalY=finalRock[j].finalY+3*rock_width;
                                        drawRock(finalRock[j].finalX,finalRock[j].finalY);
                                    }else    if(finalRock[j].alive==1&&finalRock[j].finalY>
tempBetween){
                                        drawRock(finalRock[j].finalX,finalRock[j].finalY);
                                    }
                                }else if(between2==1){
                                    if(finalRock[j].alive==1&&finalRock[j].finalY==
tempBetween){
                                        finalRock[j].finalY=finalRock[j].finalY+2*
rock_width;
                                        drawRock(finalRock[j].finalX,finalRock[j].finalY);
                                    }else    if(finalRock[j].alive==1&&finalRock[j].finalY<
tempBetween){
                                        finalRock[j].finalY=finalRock[j].finalY+
3*rock_width;
                                        drawRock(finalRock[j].finalX,finalRock[j].finalY);
                                    }else    if(finalRock[j].alive==1&&finalRock[j].finalY>
tempBetween){
                                        drawRock(finalRock[j].finalX,finalRock[j].finalY);
                                    }
                                }else{
                                    if(finalRock[j].alive==1&&finalRock[j].finalY<
finalRock[temp].finalY){
                                        finalRock[j].finalY=finalRock[j].finalY+3*
rock_width;
                                        drawRock(finalRock[j].finalX,finalRock[j].finalY);
                                    }else    if(finalRock[j].alive==1&&finalRock[j].finalY>
finalRock[temp].finalY){
                                        drawRock(finalRock[j].finalX,finalRock[j].finalY);
                                    }
                                }
                            }
                        }
                    }
```

```
        }

    }else{
        for(int j=0;j<fr_len;j++){
            if(finalRock[j].alive==1){
                drawRock(finalRock[j].finalX,finalRock[j].finalY);
            }
        }
    }
}
//判断游戏是否结束
bool breakOut=0;
for(int i=0;i<fr_len;i++){
    if(finalRock[i].alive==1&&finalRock[i].finalX>=wall_width+
3*rock_width&&finalRock[i].finalX<=wall_width+6*rock_width&&finalRock[i].fina
lY<rock_width){
        breakOut=1;
        break;
    }
}

//被消方块剔除算法（在数组 finalRock 中，若方块 alive=0 且 used=1，后面的方块逐一前移）
if(rmline==1){
    for(int i=0;i<fr_len;i++){
        if(finalRock[i].alive==0&&finalRock[i].used==1){
            fr_len--;
            for(int j=i;j<fr_len;j++){
                finalRock[j].alive=finalRock[j+1].alive;
                finalRock[j].finalX=finalRock[j+1].finalX;
                finalRock[j].finalY=finalRock[j+1].finalY;
                finalRock[j].used=finalRock[j+1].used;
            }
        }
    }
}

if(breakOut==1){
    setfont(25,12,"幼圆");
    setcolor(EGERGB(0x15,0xdd,0xe4));
    outtextxy(70,120,"游戏结束！");
```

```
        break;
        }
    }

}


//画界面
void initjiemian(){
    //bestScore();
    setfont(15,7,"幼圆");
    setcolor(EGERGB(0x15,0xdd,0xe4));
    outtextxy(250,30,"按空格键开始/暂停游戏");
    outtextxy(250,50,"按 R 键刷新界面");
    outtextxy(250,70,"按 W 键变形,按 S 键加速,按 F 键变为原速");
    outtextxy(250,90,"按 A/D 键左右移动");
    outtextxy(250,110,"按+、-键调节难度");
    outtextxy(300,150,"难度级别: ");
    outtextxy(300,170,"得分: ");
    outtextxy(250,200,"下一个: ");
    outtextxy(370,150,"4");
    for(;;){
        char b=clear();
        switch(b){
            case '+':
                if(level!=5){
                    level-=5;
                    levelchange();
                }
                break;
            case '-':
                if(level!=50){
                    level+=5;
                    levelchange();
                }
                break;
            default:
                break;
        }
        if(b==' ') break;
```

```
    }
}

//主函数
int main(){
    initgraph(480,420);
    initWall();
    initjiemian();
    play();
    getch();
    closegraph();
    return 0;
}
```

参 考 文 献

［1］谭浩强. C 程序设计［M］. 3 版. 北京：清华大学出版社，2005.

［2］唐国民，王智群. C 语言程序设计［M］. 北京：清华大学出版社，2009.

［3］耿国华. 数据结构：用 C 语言描述［M］. 3 版. 北京：高等教育出版社，2009.